Automatic decoder generation method based on dual synthesis

基于对偶综合的解码器自动生成方法

秦莹　著

国防科技大学出版社
·长沙·

图书在版编目（CIP）数据

基于对偶综合的解码器自动生成方法/秦莹著．—长沙：国防科技大学出版社，2022.11

ISBN 978 - 7 - 5673 - 0606 - 6

Ⅰ．①基…　Ⅱ．①秦…　Ⅲ．①编码技术　Ⅳ．①TN911.21

中国版本图书馆 CIP 数据核字（2022）第 133694 号

基于对偶综合的解码器自动生成方法

JIYU DUIOU ZONGHE DE JIEMAQI ZIDONG SHENGCHENG FANGFA

秦　莹　著

责任编辑：周伊冬

责任校对：邱启航

出版发行：国防科技大学出版社

地　　址：长沙市开福区德雅路 109 号

电　　话：（0731）87027729

邮政编码：410073

印　　制：国防科技大学印刷厂

经　　销：新华书店总店北京发行所

开　　本：710 × 1000　1/16

印　　张：11.25

字　　数：146 千字

印　　数：1 - 500 册

版　　次：2022 年 11 月第 1 版

印　　次：2022 年 11 月第 1 次

书　　号：ISBN 978 - 7 - 5673 - 0606 - 6

定　　价：64.00 元

摘 要

在通信和多媒体芯片设计中，一个最为困难且容易出错的工作就是设计特定协议的编码器和解码器。其中编码器将输入向量 $\boldsymbol{i}$ 映射到输出向量 $\boldsymbol{o}$，而解码器则从 $\boldsymbol{o}$ 中恢复 $\boldsymbol{i}$。对偶综合算法[1-9]通过自动生成特定编码器的解码器，以降低该工作的复杂度并提高结果的可靠性。

另一方面，在现代复杂通信协议的编码器中，广泛采用了流控制[10]和流水线等复杂内部结构，以提升编码器的性能和对复杂应用环境的适应性。而目前在对偶综合方面的所有研究工作[1-9]均基于黑盒模型，完全忽略内部结构，仅考虑输入 $\boldsymbol{i}$ 和输出 $\boldsymbol{o}$ 之间的映射关系，从而无法发挥上述结构在性能和适应性方面的优势。

为了克服上述困难，本书基于白盒模型探索了如何在对偶综合中发掘编码器的内部结构信息，如流控制和流水线结构，以自动产生支持相应结构的解码器。本书的主要研究内容及创新点包括以下几方面：

第一，研究了基于余子式（cofactor）和 Craig 插值[11]的迭代特征化算法。在发掘编码器内部结构和自动产生解码器的过程中，一个必须而且对性能要求非常苛刻的步骤，是特征化满足特定命题逻辑关系 R 的布尔函数 f。传统的方法包括基于命题逻辑的可满足性问题（satisfiabilyty problem，SAT）求解器[12]和二元决策图（binary decision diagram，BDD）[13]的完全解遍历和量词削减算法[14-24]。然而这些算法通常受到解空间不规则的困扰，导致性能低下且内存开销很大。为此，本书创造性地提出了一个迭代的特征化算法框架。在每一次迭代中，对每一个尚未被遍历的解 A，利用其对应的余子式化简 R 以满足产生 Craig 插值要求，而该插值是 A 的一个充分扩展。该迭代过程是停机的，且性能比传统的完全解遍历算法有巨大的提升。

第二，研究了针对流控制的对偶综合算法。传统对偶综合算法[1-9]的一个基本假设是，编码器的输入向量 $\boldsymbol{i}$ 总能够被输出向量 $\boldsymbol{o}$ 的一个有限长度序列唯一决定。基于该假设方可构造满足 Craig 插值的不可满足公式。然而，许多高速通信系统编码器所带有的流控制[10]直接违反了上述假设。该机制将 $\boldsymbol{i}$ 划分为有待编码的数据向量 $\boldsymbol{d}$ 和用以表达 $\boldsymbol{d}$ 有效性的流控向量 $\boldsymbol{f}$，并在 $\boldsymbol{f}$ 上定义一个有效性谓词 valid（$\boldsymbol{f}$）。只有在 valid（$\boldsymbol{f}$）≡1 的情形下，$\boldsymbol{d}$ 才能够被 $\boldsymbol{o}$ 唯一决定。为此，本书提出了能够处理流控制的对偶综合算法。首先，使用经典的对偶综合算法[4]识别那些能够被唯一决定的输入变量，并将它们视为流控向量 $\boldsymbol{f}$ 的成员，而其他不能被唯一决定的变量则视为数据向量 $\boldsymbol{d}$ 的成员。然后，该算法推导一个充分必要谓词 valid（$\boldsymbol{f}$）使得 $\boldsymbol{d}$ 能够被输出向量 $\boldsymbol{o}$ 的一个有限长度序列唯一决定。最后，对于每一个流控变量 $f \in \boldsymbol{f}$，该算法使用 Craig 插值算法[25]特征化其解码器函数；同时，对于数据变量 d，它们的值只有在 valid（$\boldsymbol{f}$）≡1 时才有意义。因此，每个 $d \in \boldsymbol{d}$ 的解码器函数可以类似地使用 Craig 插值算法得到，唯一的不同在于必须首先满足谓词 valid（$\boldsymbol{f}$）≡1。

第三，研究了针对流水线结构的对偶综合算法。为了提升工作频率，现代集成电路中的编码器通常包含多个流水线级，以将关键的数据路径划分为多级。而传统的对偶综合算法[1-9]完全无视这种流水线结构，从而导致生成的解码器无法保持和编码器匹配的频率和性能。为此，本书提出了能够产生流水线解码器的对偶综合算法。首先，将传统对偶综合算法推广到非输入输出情形，以找到编码器中每一个流水

线级 $\boldsymbol{G}^j$ 中的寄存器集合。然后，使用迭代 Craig 插值算法特征化每一个流水线级 $\boldsymbol{G}^j$ 的布尔函数，以从下一个流水线级 $\boldsymbol{G}^{j+1}$ 或输出 $\boldsymbol{o}$ 之中恢复 $\boldsymbol{G}^j$。最后，特征化 $\boldsymbol{i}$ 的布尔函数以从第一个流水线级 $\boldsymbol{G}^0$ 中恢复 $\boldsymbol{i}$。

第四，结合上述研究成果，研究了能够同时处理流控制和流水线结构的对偶综合算法。首先，使用 Qin 等[26]的算法来寻找输入向量 $\boldsymbol{i}$ 中的流控向量 $\boldsymbol{f}$ 并推导有效性谓词 valid（$\boldsymbol{f}$）。然后，分别通过强制和不强制 valid（$\boldsymbol{f}$），以从所有寄存器集合中找到每一个寄存器级 $\boldsymbol{G}^j$ 的数据向量 $\boldsymbol{d}^j$ 和流控向量 $\boldsymbol{f}^j$。最后，通过 Jiang 等[23]的算法特征化 $\boldsymbol{G}^j$ 和 $\boldsymbol{i}$ 的布尔函数。

综上所述，本书对基于白盒模型的对偶综合算法中的若干关键问题进行了深入的研究，提出了针对编码器中流控制和流水线结构的解决方案。理论分析和实验结果验证了所提出算法的有效性和性能，对于进一步促进对偶综合算法的发展和应用具有一定的理论意义和应用价值。

目　录

第1章 绪 论

通信和多媒体应用是半导体工业发展的主要推动力。这两个领域日新月异的发展,带来了对传输带宽永无止境的追求。常见的高性能传输协议,如以太网[27]、InfiniBand[28]和PCI Express[29]等,其单通道带宽从21世纪初的3.125 Gbps增长到目前的25 Gbps。

更高的带宽意味着更高的信号频率,从而导致在传输介质上更严重的衰减,并进而带来更大的噪声干扰。为了克服这一挑战,每一代新的传输标准都会采用全新的编码方案。因此,在通信和多媒体芯片设计项目中,最为关键且困难的工作之一就是设计和验证特定的物理层编码器和解码器。针对这一关键而困难的工作,工业界常见的设计方法仍然停留在简单地手工编写代码,并使用动态模拟器进行验证的阶段。

而随着传输带宽的进一步提升,对于编码后信号01平衡和游程长度的统计特性要求也日益严格[30]。这就导致在编码器中引进了更为复杂且包含大量异或操作的线性移位寄存器组,如以太网标准clause 49的64/66加扰器[30]和PCI Express标准的128/130编码器[29]。大量的异或操作使得编码器的映射表非常不规则,其状态空间尺寸随编码长度指数增长。这就对传统的动态模拟验证方法的完备性提出了严峻挑战。

为此,国防科技大学的Shen等[1]于2009年首次提出了对偶综合的概念和基本的算法实现,以从一个通信协议的编码器源代码中,自动产生其对应的解码器代码。以此为起点,集成电路设计自动化领域的研究者们在该领域取得了大量的研究成果[1-9]。

1.1 背景知识

本节将给出相关的背景知识,主要包括本书涉及概念的相关基本记法、基于命题逻辑的可满足性问题、有限状态机和基于迁移关系(函数)展开的形式化验证算法的一般性原理。

1.1.1 基本记法

布尔集合记为 $\mathrm{B}=\{0,1\}$。

多个变量组成的向量记为 $\boldsymbol{v}=(v_1,v_2,\cdots,v_n)$。$\boldsymbol{v}$ 中的变量个数记为 $|\boldsymbol{v}|$。如果 v 是 $\boldsymbol{v}$ 的成员,则记为 $v\in\boldsymbol{v}$;否则记为 $v\notin\boldsymbol{v}$。对于变量 v 和向量 $\boldsymbol{v}$,如果 $v\notin\boldsymbol{v}$,则同时包含 v 和所有 $\boldsymbol{v}$ 的成员的新向量记为 $v\cup\boldsymbol{v}$。如果 $v\in\boldsymbol{v}$,则包含所有 $\boldsymbol{v}$ 的成员而不包含 v 的新向量记为 $\boldsymbol{v}-v$。类似的,包含所有 $\boldsymbol{v}_1$ 的成员而不包含 $\boldsymbol{v}_2$ 的成员的新向量记为 $\boldsymbol{v}_1-\boldsymbol{v}_2$。对于两个向量 $\boldsymbol{a}$ 和 $\boldsymbol{b}$,包含 $\boldsymbol{a}$ 和 $\boldsymbol{b}$ 的所有成员的新向量记为 $\boldsymbol{a}\cup\boldsymbol{b}$。向量 $\boldsymbol{v}$ 的赋值集合记为 $[\![\boldsymbol{v}]\!]$。例如:$[\![(v_1,v_2)]\!]=\{(0,0),(0,1),(1,0),(1,1)\}$。

在变量集合 V 上的布尔逻辑公式 F 是通过以下连接符连接 V 上的变量得到的,包括:$\neg$,$\wedge$,$\vee$,$\Rightarrow$。它们分别代表:求反,合取(与),析取(或),蕴含。

1.1.2 基于命题逻辑的可满足性问题

对在变量集合 V 上的布尔逻辑公式 F,基于命题逻辑的可满足性问题(SAT)意味着寻找 V 的赋值函数 $A:V\rightarrow B$,使得 F 可以取值为 1。如果存在这样的赋值函数 A,则 F 是可满足的;否则,F 是不可满足的。

一个寻找上述赋值函数 A 的计算机程序称为SAT求解器,常见的SAT求解器包括 Chaff[31]、GRASP[32]、BerkMin[33]和MiniSat[34]。

通常,SAT求解器要求有待求解的公式使用合取范式(conjunctive normal form,CNF)表示,其中一个公式是多个短句的合取,一个短句是多个文字的析取,一个文字是一个变量或者其反。一个使用CNF格式表示的公式通常也称为SAT实例。

很明显,要使得公式 F 可满足(即使其取值为1),则每个短句都必须取值为1;相应地,为了使得一个短句取值为1,则其包含的所有文字中,至少一个应该取值为1。

从文献[22]可知,对于函数 $f(v_1,\cdots,v,\cdots,v_n)$,针对变量 v 的正余子式和负余子式分别是 $f_{v\equiv 1}=f(v_1,\cdots,1,\cdots,v_n)$ 和 $f_{v\equiv 0}=f(v_1,\cdots,0,\cdots,v_n)$。而余子式化则代表着将1或者0赋予 v 以得到 $f_{v\equiv 1}$ 和 $f_{v\equiv 0}$。

给定两个布尔逻辑公式 φ_A 和 φ_B,若 $\varphi_A \wedge \varphi_B$ 不可满足,则存在仅使用了 φ_A 和 φ_B 共同变量的公式 φ_I,使得 $\varphi_A \Rightarrow \varphi_I$ 且 $\varphi_I \wedge \varphi_B$ 不可满足。φ_I 被称为 φ_A 针对 φ_B 的Craig插值[11],Craig插值通常被用作 φ_A 的上估计抽象,φ_I 可以使用McMillan算法[25]得到。具体细节将在3.2节进一步说明。

1.1.2.1 Tseitin编码

在硬件验证过程中,电路和有待验证的属性通过Tseitin编码[35]转换为CNF公式,而后交给SAT求解器求解。

Tseitin编码的基本原理描述如下。由于任意电路均可以被表示为二输入与门(AND2)和反相器(INV)的组合形式,因此这里仅给出二输入与门和反相器的Tseitin编码:

(1)对于反相器 $z=\neg x$,由Tseitin编码产生的CNF公式为 $(x \vee z) \wedge (\neg x \vee \neg z)$。

(2)对于二输入与门 $z=x_1\wedge x_2$，由 Tseitin 编码产生的 CNF 公式为 $(\neg x_1\vee\neg x_2\vee z)\wedge(x_1\vee\neg z)\wedge(x_2\vee\neg z)$。

(3)对于一个由二输入与门和反相器组合而成的复杂电路 C，由 Tseitin 编码产生的 CNF 公式 Tseitin(C)是所有这些门的 Tseitin 编码的合取。

包含一个反相器 $d=\neg a$ 和一个二输入与门 $e=d\wedge c$ 的简单电路 C，其 Tseitin 编码如式(1.1)所示。

$$\text{Tseitin}(C)=\left\{\begin{array}{ll} & (a\vee d)\\ \wedge & (\neg a\vee\neg d)\end{array}\right\}\wedge\left\{\begin{array}{ll} & (\neg e\vee c)\\ \wedge & (\neg e\vee d)\\ \wedge & (e\vee\neg c\vee\neg d)\end{array}\right\}\quad(1.1)$$

1.1.2.2 SAT 简单解法

为了方便对 SAT 求解过程的描述，以图 1.1 中的电路为例，给出一个简单低效但是直观的求解方法，并在下面逐步描述对该方法的改进措施，从而最终将现代 SAT 求解器中常用的高效算法描述清楚。

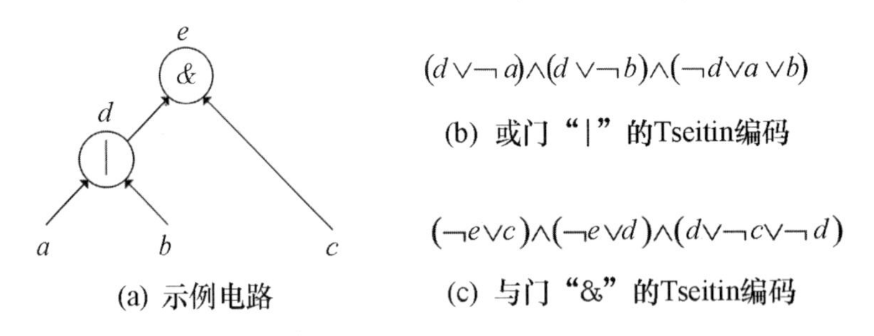

图 1.1　示例电路及其编码

最简单的 SAT 求解算法是简单地遍历所有可能的变量赋值，形成树形的二元决策空间。对于图 1.1(b)的 SAT 公式，将形成图 1.2 所示的二元决策树。其中，打勾的叶节点表示合规的求解结果。每次对特定变量进行二叉分解的步骤称为决策，每次决策产生一个新的决策层。图1.2的决策层1、2、3分别对应于变量a、b、c的二元分解。

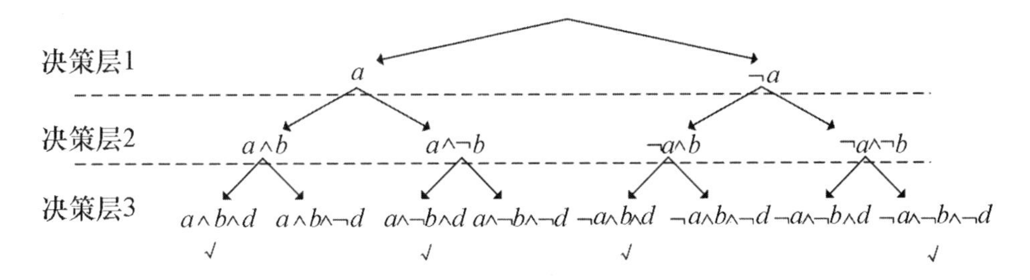

图1.2　基于完全二元决策树遍历的SAT求解

1.1.2.3　布尔约束传播

为了使一个特定的SAT公式成立，必须使其中每个短句都成立。而为了使某个特定短句成立，其中必须至少有一个文字成立。在某个短句中，当只有一个特定的文字w尚未取值，而其他所有文字均取值为0时，则该文字必须取值为1。如果该文字为某个特定变量v，则v取值为1，否则取值为0。这一推导过程称为布尔约束传播(Boolean Constraint Propagation，BCP)。

以图1.1(b)的或门的Tseitin编码为例，为了使该公式成立，每个短句都必须成立。以第一个短句$d \wedge a$为例，当a为1时，$d \wedge a$化简为d，为了使其成立，d必须取值为1。此时决策树如图1.3所示。其中粗线代表在特定决策层内部的BCP操作。

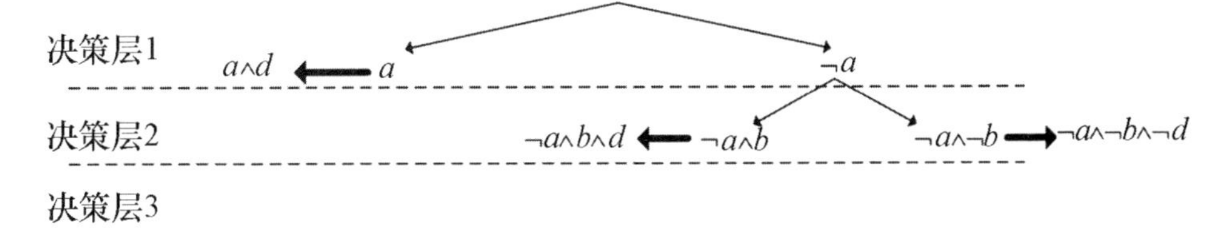

图1.3　布尔约束传播

1.1.2.4 冲突指导的短句学习

冲突指导的短句学习和非正交回溯[36]是提升 SAT 求解器性能的另一个重要手段。其中,非正交回溯与本书重点关注的数据结构关系不大,因此将仅用于描述冲突指导的短句学习。为了简明起见,仍然使用一个例子描述冲突指导的短句学习。如图 1.4 所示的一个二元决策树,当到达加粗的标记为 conflict 的节点时,有{$a\equiv0$, $b\equiv0$, $c\equiv0$, $d\equiv1$, $e\equiv0$, $f\equiv1$}。这将导致某个短句中的所有文字均为 0,这种情况称为一个冲突(conflict)。此时冲突分析算法将对该短句中的每一个文字,沿着如图 1.4 粗线所示的 BCP 关系逆向回溯,以便找到导致此次冲突的根本原因。假设找到的三个变量分别为{$c\equiv0$, $d\equiv1$, $f\equiv1$},这意味着 a、b 和 e 与本次冲突无关。无论以后 a、b 和 e 取任何值,只要遇到{$c\equiv0$, $d\equiv1$, $f\equiv1$}的情况,都不必继续搜索。这意味图 1.4 的二元决策树中除加粗标记以外的分支都可以剪掉。

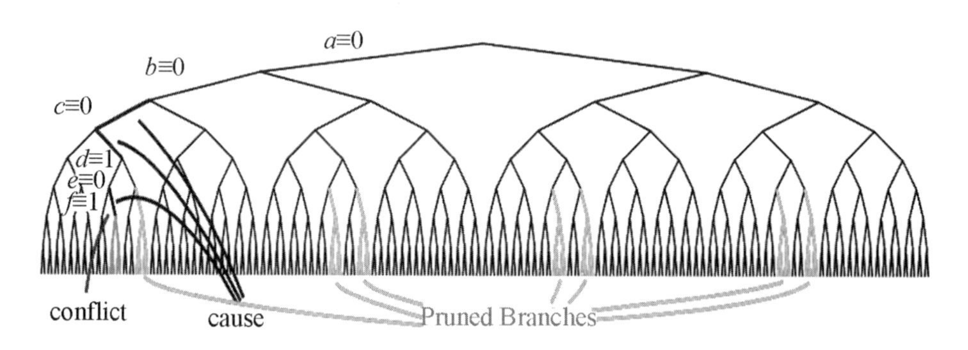

图 1.4 冲突指导的短句学习

为了达到这种剪枝效果,将对冲突分析结果中的每个变量取反,以构造一个冲突学习短句。即{$c\equiv0$, $d\equiv1$, $f\equiv1$} 将会产生一个冲突学习短句{$c\vee d\vee\neg f$},并加入短句数组。以后每当 c、d 和 f 三个变量中的两个满足$\{c\equiv0, d\equiv1, f\equiv1\}$时，就立即通过冲突学习短句产生一次BCP，使得第三个变量无法满足$\{c\equiv0, d\equiv1, f\equiv1\}$。这就构成了一次剪枝操作。

1.1.2.5 MiniSat求解器的递增求解机制

本书中使用MiniSat求解器[34]求解所有CNF公式。和其他基于冲突学习机制[36]的SAT求解器类似,MiniSat从搜索遇到的冲突中产生学习短句，并记录它们以避免类似的冲突再次出现。该机制能够极大提升SAT求解器的性能。

在许多应用中,经常存在一系列紧密关联的CNF公式。如果在一个CNF公式求解过程中得到的学习短句能够被其他CNF公式共享,那么所有CNF公式的求解速度都能够得到极大提升。

MiniSat提供了一个增量求解机制以共享这些学习短句。该机制包括两个接口函数:

(1)addClause(F)用于将一个CNF公式F添加到MiniSat的短句数据库,以用于下一轮求解。

(2)solve(A)接收一个文字集合A作为假设,并求解CNF公式$F\wedge\bigwedge_{a\in A}a$。其中$F$是在addClause中被加入短句数据库的CNF公式。

基于该机制,可以针对一个相同的CNF公式F,使用不同的文字集合A,来产生并递增地高效求解不同的$F\wedge\bigwedge_{a\in A}a$。

1.1.3 有限状态机

如图1.5(a)所示,本书中编码器使用有限状态机$M=(\boldsymbol{s},\boldsymbol{i},\boldsymbol{o},T)$作为模型。该模型包括状态向量$\boldsymbol{s}$、输入向量$\boldsymbol{i}$、输出向量$\boldsymbol{o}$和迁移函数$T$: $[\![\boldsymbol{s}]\!]\times[\![\boldsymbol{i}]\!]\rightarrow[\![\boldsymbol{s}]\!]\times[\![\boldsymbol{o}]\!]$。其中$T$用于从当前状态向量$\boldsymbol{s}$和输入向量$\boldsymbol{i}$中计算出下一状态向量$\boldsymbol{s}$和输出向量$\boldsymbol{o}$。

如图 1.5(b)所示,有限状态机 M 的行为可以通过将迁移函数展开多步得到。具体的步骤如下:

(1)使用在 1.1.2.1 节中描述的 Tseitin 编码方法,将迁移函数 T 转化成对应的 CNF 公式。而如图 1.5(b)所示,可以实例化迁移函数 T 的 CNF 公式的任意多个实例 $T_0,\cdots,T_n$,同时保证任意两个实例所使用的变量集合不重叠。在第 j 步上,状态变量 $s\in\boldsymbol{s}$、输入变量 $i\in\boldsymbol{i}$ 和输出变量 $o\in\boldsymbol{o}$分别表示为 s_j、i_j 和 o_j。进一步,在第 j 步的状态向量、输入向量和输出向量分别记为 $\boldsymbol{s}_j$、$\boldsymbol{i}_j$ 和 $\boldsymbol{o}_j$。

(2)对于任意两个相邻的迁移函数 T_j 和 T_{j+1},约束 T_j 的下一状态等于 T_{j+1}的当前状态,即都等于图 1.5(b)中的 $\boldsymbol{s}_{j+1}$。这样任意 n 个迁移函数 T 的实例就能够连接起来,形成一个如图 1.5(b)所示的长度为$n+1$的序列。将这些 CNF 公式的合取形成的新的 CNF 公式,送入 SAT 求解器求解,所得到的对状态向量序列 $<\boldsymbol{s}_0,\cdots,\boldsymbol{s}_n>$ 的赋值,就代表了该有限状态机的一个长度为 n 的合法行为。

一条路径是一个对所有 $n\leqslant j<m$ 均有 $\exists \boldsymbol{i}_j\boldsymbol{o}_j(\boldsymbol{s}_{j+1},\boldsymbol{o}_j)\equiv T(\boldsymbol{s}_j,\boldsymbol{i}_j)$ 的状态序列 $<\boldsymbol{s}_n,\cdots,\boldsymbol{s}_m>$。

一个环是一条使得 $\boldsymbol{s}_n\equiv\boldsymbol{s}_m$ 的路径 $<\boldsymbol{s}_n,\cdots,\boldsymbol{s}_m>$。

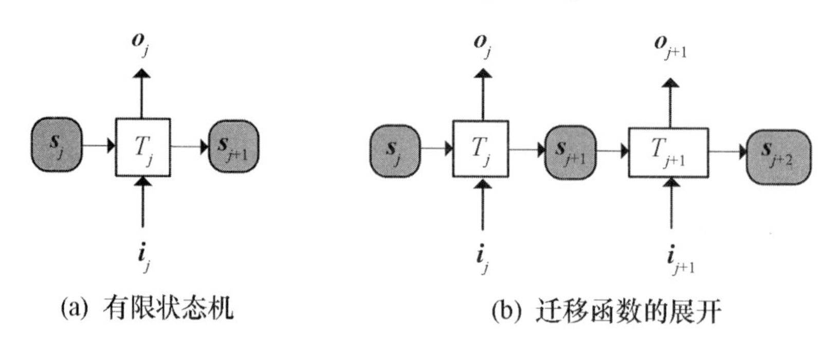

图 1.5　有限状态机及其迁移关系的展开

1.1.4 基于迁移关系(函数)展开的形式化验证算法的一般性原理

上一小节已经描述了如何将迁移关系(函数)的CNF公式展开为任意长度的序列。这种展开方法被广泛应用于绝大多数形式化验证方法中,以对该状态机的行为进行推理。

假设有待验证的状态机是一个2位计数器,初始状态为0,每一步的行为是将当前状态加1。再假设当计数器为3时会发生一些不希望发生的行为,所以需要验证该计数器永远不会到达3。因此,有待证明的断言是"计数器永远不等于3"。

最简单且最典型的限界模型检验[37]方法,通过逐步增加迁移关系(函数)展开的长度,试图找到在展开序列上违反有待证明断言的状态。比如针对上述"计数器永远不等于3"的断言,则违反该断言意味着计数器的值等于3。

如图1.6所示,限界模型检验依次将迁移函数展开了1次、2次和3次。其中,在前两次都没有找到对断言的违反;而在第3次中则找到了计

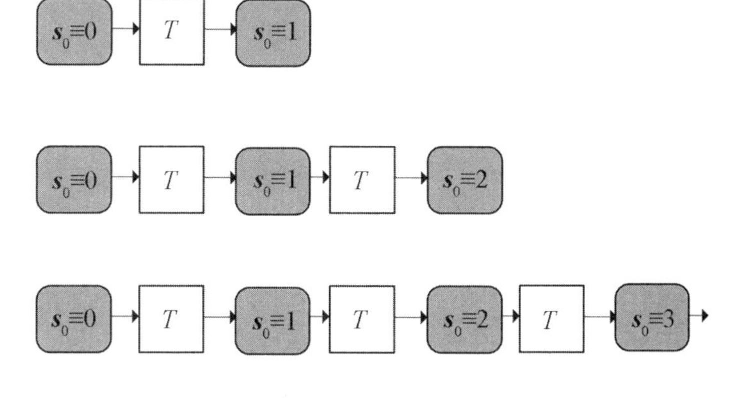

图1.6 一个简单计数器的迁移函数展开序列

数器等于3 的情况。在这种情况下,限界模型检验停止展开,并给出最后一个展开序列上每个状态 s^j 的值,作为反例,以证明上述“计数器永远不等于 3”的断言是错误。

当然,限界模型检验的算法是不停机的,即当断言成立的情况下,无法退出算法,但可采用其他方法来部分改善这一点,如完备性停机条件[38]等。不过这些方法也都基于上述基本框架,而且也都有它们自身的缺陷。

上述逐步增加迁移关系(函数)展开长度的框架,也广泛应用于本书的对偶综合算法中。详情将在后面章节详细描述。

1.2 对偶综合研究现状

本节将简述对偶综合领域取得的研究成果。由于其中的若干算法也将在本书的主要章节中使用,因此其描述方式根据需要进行了相应修改, 与原文献的描述方式有微小差别。在阅读本书时应以本小节的描述为准。

1.2.1 早期的充分非完备算法

Shen 等[1] 首次提出了对偶综合的概念和初步算法实现。该算法是充分非完备的,这意味着当特定编码器对应的解码器存在时,该算法总能找到其实现;而当解码器不存在时,该算法不停机。

该算法类似于 1.1.4 节中所描述的限界模型检验,同样是通过逐步增加迁移函数展开序列的长度,并在每一个特定长度的展开序列上检查是否存在解码器来实现。

针对特定展开长度,检查解码器是否存在的方法如下:

如图 1.7 所示,对于每一个 $i \in \boldsymbol{i}$,如果存在三个参数 p、l 和 r,使得在

长度为$p+l+r$的迁移函数展开序列上，对于输出序列$<\boldsymbol{o}_p,\cdots,\boldsymbol{o}_{p+l+r}>$的任意取值，$i_{p+l}$不能同时取值为0和1，则输入变量$i\in\boldsymbol{i}$可以被唯一决定。这等价于式(1.2)中的公式$F_{\text{PC}}(p,l,r)$的不可满足。

$$F_{\text{PC}}(p,l,r):=\left\{\begin{array}{ll} & \bigwedge_{m=0}^{p+l+r}\{(\boldsymbol{s}_{m+1},\boldsymbol{o}_m)\equiv T(\boldsymbol{s}_m,\boldsymbol{i}_m)\} \\ \wedge & \bigwedge_{m=0}^{p+l+r}\{(\boldsymbol{s}'_{m+1},\boldsymbol{o}'_m)\equiv T(\boldsymbol{s}'_m,\boldsymbol{i}'_m)\} \\ \wedge & \bigwedge_{m=p}^{p+l+r}\boldsymbol{o}_m\equiv\boldsymbol{o}'_m \\ \wedge & i_{p+l}\equiv 1\wedge i'_{p+l}\equiv 0 \\ \wedge & \bigwedge_{m=0}^{p+l+r}\text{assertion}(\boldsymbol{i}_m) \\ \wedge & \bigwedge_{m=0}^{p+l+r}\text{assertion}(\boldsymbol{i}'_m) \end{array}\right\} \quad (1.2)$$

式中，p是前置迁移函数序列的长度，l和r分别用于唯一决定i_{p+l}的输出序列$<\boldsymbol{o}_{p+1},\cdots,\boldsymbol{o}_{p+l}>$和$<\boldsymbol{o}_{p+l+1},\cdots,\boldsymbol{o}_{p+l+r}>$的长度。式(1.2)的行1对应于图1.7左边的路径，而行2对应于图1.7右边的路径，它们的长度是相同的。行3使这两条路径的输出相同。而行4要求它们的输入i_{p+l}不同。行5和行6则是用户给出的断言，用于约束合法的输入模式。F_{PC}中的PC是“parameterized complementary”的缩写，指明$F_{\text{PC}}(p,l,r)$被用于检查在三个参数p、l和r的情况下，i_{p+l}能否被唯一决定。

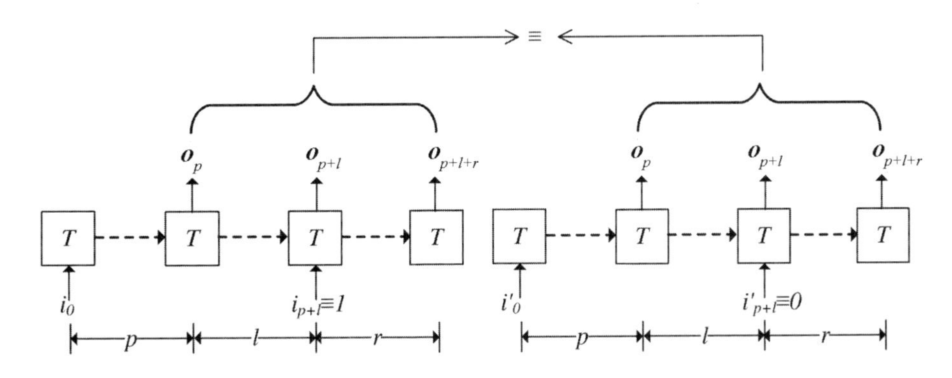

图1.7 用于检查i_{p+l}是否能够被唯一决定的充分非完备算法

从图 1.7 可知,式(1.2)的前三行代表了两个具有相同输出的迁移函数展开序列,因此它们总是可满足的;而最后两行是对合法输入模式的约束。因为将在算法开始前检查它们的可满足性,所以 $F_{PC}(p,l,r)$ 不可满足意味着 $i_{p+l} \equiv i'_{p+l}$,即输入被唯一决定。

如果 $F_{PC}(p,l,r)$ 不可满足,则 $F_{PC}(p',l',r')$ 对于更大的 $p' \geq p$、$l' \geq l$ 和 $r' \geq r$ 也是不可满足的。从式(1.2)中可知,$F_{PC}(p', l', r')$ 的短句集合是 $F_{PC}(p, l, r)$ 的超集。这意味着,$F_{PC}(p, l, r)$ 的不可满足性的限界证明可以扩展到任意更大的 p、l 和 r 上,从而成为非限界的证明。

命题 1.1 如果 $F_{PC}(p, l, r)$ 不可满足,则对于任意更大的 p、l 和 r,i_{p+l} 能够被 $<\boldsymbol{o}_p,\cdots,\boldsymbol{o}_{p+l+r}>$ 唯一决定。

基于上述讨论,算法 1.1 即为提出的充分算法。该算法首先初始化 p、l 和 r 全为 0。然后使用一个循环来持续增加 p、l 和 r。在每一个循环

算法 1.1 CheckUniquenessSound(i):用于检测 $i \in \boldsymbol{i}$ 是否能够被 $\boldsymbol{o}$ 的有限长度序列唯一决定的充分算法

```
1: p:= 0;
2: l:= 0;
3: r:= 0;
4: while 1 do
5:     p++;
6:     l++;
7:     r++;
8:     if F_PC(p,l,r) 不可满足 then
9:         return(1,p,l,r);
10:    end if
11: end while
```

中,将迁移关系展开至长度为 $p+l+r$ 的序列。若 $F_{PC}(p, l, r)$ 不可满足,则返回当前的 p、l 和 r。

上述算法仅考虑了输入向量 $\boldsymbol{i}$ 中的一个输入变量 i。当需要讨论整个 $\boldsymbol{i}$ 时,需要将整体的 p、l 和 r 设置为最大值。即假设对于 $i \in \boldsymbol{i}$,对应的唯一决定参数为 p_i、l_i 和 r_i,则对于整个 $\boldsymbol{i}$,对应的唯一决定参数为:

$$
\begin{aligned}
p &:= \max_{i \in \boldsymbol{i}} \{p_i\} \\
l &:= \max_{i \in \boldsymbol{i}} \{l_i\} \\
r &:= \max_{i \in \boldsymbol{i}} \{r_i\}
\end{aligned}
\tag{1.3}
$$

式(1.2)不包含初始状态,相反使用一个长度为 p 步的前置状态序列 $< \boldsymbol{s}_0, \cdots, \boldsymbol{s}_{p-1} >$,将约束 assertion($\boldsymbol{i}$)传播到状态序列 $< \boldsymbol{s}_p, \cdots, \boldsymbol{s}_{p+l+r} >$,从而将在 assertion($\boldsymbol{i}$)约束下不可达的状态集合剔除。相比考虑初始状态的传统方法,这带来了两个好处:

(1)通过不计算可达状态,本书算法可以得到极大的简化和加速。相比之下,目前唯一能够计算可达状态的对偶综合算法[9]无法处理最为复杂的 XFI 编码器[30],而本书的算法[4]则始终可以处理。

(2)通过忽略初始状态,本书算法可以产生更加可靠的解码器。由于这样可以使得解码器的状态和输出仅仅依赖于有限的输入历史,因此任何在传输过程中被错误破坏的 $\boldsymbol{o}$ 只能对解码器产生有限步数的影响。

但忽略初始状态仍有一个缺点,即它将使得判断条件比必须的情况稍微强一些。也就是说,它要求 $\boldsymbol{i}$ 必须在一个更大的状态集合 R^p 上被唯一决定。其中,R^p 代表了由任意状态在 p 步之内能够到达的状态集合。而必要条件是从初始条件出发在任意步数内可以到达的状态集合 R。因此,在某些情况下,本书算法可能无法处理正确设计的编码器。不过,对于目前使用的所有编码器,即使是那些来自真实工业应用的编码器,这种极端情况也没有出现过。

1.2.2 完备停机算法

上一小节讨论了两方面内容：一方面，当 $F_{PC}(p, l, r)$ 不可满足时，i_{p+l} 能够在任意更大的 p、l 和 r 下被唯一决定；另一方面，如果 $F_{PC}(p, l, r)$ 是可满足的，则 i_{p+l} 不能在特定的 p、l 和 r 情况下被 $<\boldsymbol{o}_p, \cdots, \boldsymbol{o}_{p+l+r}>$ 唯一决定。此时存在两种可能性：

（1）在某个更大的 p'、l' 和 r' 情况下，$i_{p'+l'}$ 能够被 $<\boldsymbol{o}_{p'}, \cdots, \boldsymbol{o}_{p'+l'+r'}>$ 唯一决定。

（2）对任意 p、l 和 r，i_{p+l} 都不能够被 $<\boldsymbol{o}_p, \cdots, \boldsymbol{o}_{p+l+r}>$ 唯一决定。

如果是第一种情况，则通过迭代地递增 p、l 和 r，$F_{PC}(p, l, r)$ 总能够变成不可满足的。然而对于第二种情况，迭代地递增 p、l 和 r 将导致不停机。

因此，为了得到一个停机算法，需要能够区分上述两种情况的手段。Shen 等[4]和 Liu 等[7]分别独立提出了类似的全新解决方案。方案如图 1.8 所示，该图类似于图 1.7，但是增加了三个约束，用于检测三个路径 $<\boldsymbol{s}_0, \cdots, \boldsymbol{s}_p>$、$<\boldsymbol{s}_{p+1}, \cdots, \boldsymbol{s}_{p+l}>$ 和 $<\boldsymbol{s}_{p+l+1}, \cdots, \boldsymbol{s}_{p+l+r}>$ 上的环。该方法被形式化地定义于式（1.4）中。

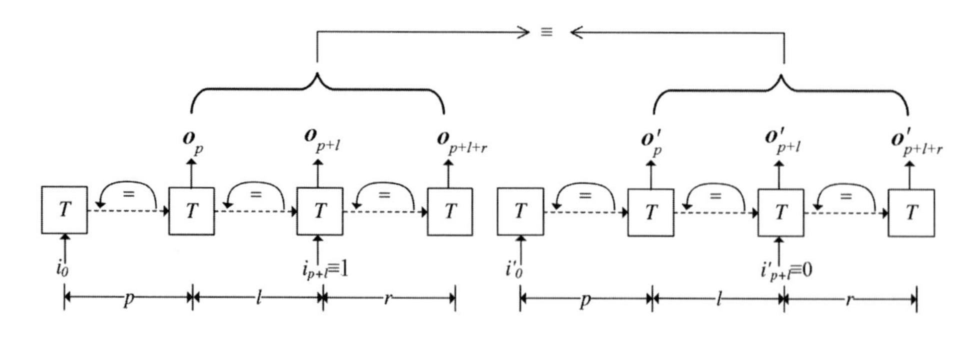

图 1.8 用于检查 i_{p+l} 是否不能被唯一决定的上估计算法

$$F_{\mathrm{LN}}(p,l,r) := \left\{ \begin{array}{cc} & F_{\mathrm{PC}}(p,l,r) \\ \wedge & \bigvee_{x=0}^{p-1} \bigvee_{y=x+1}^{p} \{ \boldsymbol{s}_x \equiv \boldsymbol{s}_y \wedge \boldsymbol{s}'_x \equiv \boldsymbol{s}'_y \} \\ \wedge & \bigvee_{x=p+1}^{p+l-1} \bigvee_{y=x+1}^{p+l} \{ \boldsymbol{s}_x \equiv \boldsymbol{s}_y \wedge \boldsymbol{s}'_x \equiv \boldsymbol{s}'_y \} \\ \wedge & \bigvee_{x=p+l+1}^{p+l+r-1} \bigvee_{y=x+1}^{p+l+r} \{ \boldsymbol{s}_x \equiv \boldsymbol{s}_y \wedge \boldsymbol{s}'_x \equiv \boldsymbol{s}'_y \} \end{array} \right\} \tag{1.4}$$

F_{LN}下标中的 LN(loop noncom plemetary)表示环形非对偶。这表明 $F_{\mathrm{LN}}(p, l, r)$将使用这三个环约束来检测 i_{p+l}是否不能够被唯一决定。

当 $F_{\mathrm{LN}}(p,l,r)$可满足时, i_{p+l}不能被 $<\boldsymbol{o}_p,\cdots,\boldsymbol{o}_{p+l+r}>$唯一决定。更重要的是,这个可满足结果意味着在三个路径 $<\boldsymbol{s}_0,\cdots,\boldsymbol{s}_p>$、$<\boldsymbol{s}_{p+1},\cdots,\boldsymbol{s}_{p+l}>$和$<\boldsymbol{s}_{p+l+1},\cdots,\boldsymbol{s}_{p+l+r}>$上分别存在一个环。通过展开这三个环,可以把上述三个路径变得更长,从而得到针对更大的 p、l 和 r 的新公式 $F_{\mathrm{LN}}(p, l, r)$,且该公式仍然是可满足的。这也就意味着:

命题 1.2 当 $F_{\mathrm{LN}}(p,l,r)$可满足时,i_{p+l}针对任意 p、l 和 r 都不能被$<\boldsymbol{o}_p,\cdots,\boldsymbol{o}_{p+l+r}>$唯一决定。

根据命题 1.1 和命题 1.2,能将针对特定 p、l 和 r 的限界证明扩展到针对任意 p、l 和 r 的非限界情况。这使得停机算法 1.2 可用于检测 $i \in \boldsymbol{i}$ 是否能被 $\boldsymbol{o}$ 的有限长度序列唯一决定。

算法 1.2 CheckUniqueness(i):用于检测 $i \in \boldsymbol{i}$ 是否能够被 $\boldsymbol{o}$ 的有限长度序列唯一决定的停机算法

```
1: p:=0;
2: l:=0;
3: r:=0;
4: while 1 do
5:         p++;
```

续

```
6:        l++;
7:        r++ ;
8:        if F_PC(p, l, r)不可满足 then
9:              return(1,p,l,r);
10:       else if F_LN(p, l, r)可满足 then
11:             return(0,p,l,r);
12:       end if
13: end while
```

需要说明的是:

(1)如果确实存在p、l和r,使得输入能被输出唯一决定,令$p' := \max(p, l, r)$,$l' := \max(p, l, r)$,$r' := \max(p, l, r)$。从命题 1.1 可知$F_{PC}(p', l', r')$是不可满足的。因此,$F_{PC}(p, l, r)$总能够在算法 1.2 行 8 成为不可满足的并退出循环。

(2)如果不存在这样的p、l和r,则p、l和r在不断递增之后最终总能够大于有限状态机的最大无环路径长度。这意味着在$<s_0,\cdots,s_p>$、$<s_{p+1},\cdots,s_{p+l}>$和$<s_{p+l+1},\cdots,s_{p+l+r}>$上都存在环。这将使得$F_{LN}(p, l, r)$在行 10 是满足的,这也将导致退出循环。因此,该算法是停机的。

类似于式(1.3),需要将整体的p、l和r设置为最大值,如等式(1.5)所示。

$$\begin{aligned} p &:= \max_{i \in i}\{p_i\} \\ l &:= \max_{i \in i}\{l_i\} \\ r &:= \max_{i \in i}\{r_i\} \end{aligned} \tag{1.5}$$

1.2.3 在对偶综合领域的其他相关工作

Shen 等[6]和 Liu 等[7]分别独立发现了 Craig 插值可以加速解码器的生成。相关算法将作为第 3 章的一部分单独介绍，因此不在这里展开描述。

Shen 等[6]通过迭代剔除所有能满足式(1.4)的配置管脚赋值，以自动发掘能够使得解码器存在的前提条件。如图 1.9 所示，当 $c_2 \equiv 0$ 时，常数 20 被赋值到 $\boldsymbol{o}$，此时不存在解码器；当 $c_1 \equiv 0 \wedge c_2 \equiv 1$ 时，$\boldsymbol{i}+1$ 被赋值到 $\boldsymbol{o}$，此时的解码器为 $\boldsymbol{o}-1$；当 $c_1 \equiv 1 \wedge c_2 \equiv 1$ 时，$\boldsymbol{i}+2$ 将被赋值到 $\boldsymbol{o}$，此时的解码器为 $\boldsymbol{o}-2$。很明显，$c_2 \equiv 0$ 首先需要被剔除，这就得到了 $c_2 \equiv 1$。以上条件将使得式(1.2)是不可满足的。

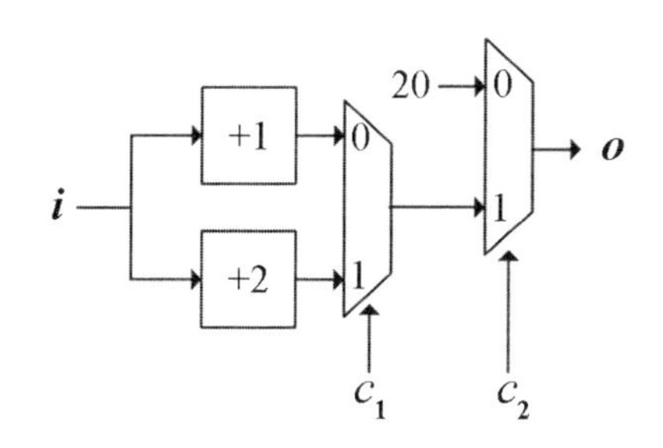

图 1.9 编码器示意图

然而，文献[6]首次发现在式(1.2)不可满足的情况下，有可能存在多个不同的解码器。如上述的 $c_2 \equiv 1$ 能够使得在式 (1.2)不可满足的情况下，实际上存在两个解码器。

为了区分所有这些解码器，文献[6]提出了另一个迭代算法，以检查在 $c_2 \equiv 1$ 情况下，式(1.2)所代表的整体解码器是否能够被分解为目前所发掘的所有解码器的组合。该检查使用现有的函数依赖算法[39]进行。当该检查失败时，所产生的 SAT 赋值能将式(1.2)所代表的整体解码器化简为一个尚未被发掘的新解码器；而当该检查成功时，为每个解码器所产生的函数依赖公式即为该解码器存在的前提条件。

Tu 等[9]提出了一个突破性的算法——基于属性指导的可达性分析算法[40-41]，在隐含（即非显式）展开的迁移函数序列上，迭代精炼归纳不变公式（inductive invariant），以获得对可达状态的一个单调递减上估计。如此即可从 $\boldsymbol{o}$ 恢复 $\boldsymbol{i}$ 的过程中考虑 $\boldsymbol{i}$ 的非限界历史。文献[6]针对一些手工构造的例子，证明了确实存在只有它才能处理的情形。不过根据真实工业界项目的解码器上的实验，该算法和本书算法在处理能力上并没有本质上的区别。

1.3　基于白盒模型的对偶综合

本节阐述基于白盒模型的对偶综合技术的重要研究意义，并讨论从事该研究所面临的主要挑战。

1.3.1　研究意义

现代复杂通信协议的编码器中，广泛采用了流水线和流控制[10]，以提高性能并增强对环境的适应能力。而目前在对偶综合方面的所有研究工作[1-9]均基于黑盒模型，完全忽视上述内部结构，从而无法发挥上述内部结构在性能和适应性方面的优势。

1.3.1.1　流控制

目前所有对偶综合算法[1-9]的一个前提假设是，编码器的输入向量 $\boldsymbol{i}$ 总能够被输出向量 $\boldsymbol{o}$ 的一个有限长度序列唯一决定。

然而，许多高速通信系统的编码器带有流控制[10]，而该机制直接违反了上述假设。图1.10(a)展示了一个带有流控制的通信系统的结构。其中,一个传输器(transmitter)和一个接收器(receiver)通过一个编码器(encoder)和一个解码器(decoder)连接在一起。从传输器到编码器有两个输入变量:有待编码的数据位 d 和代表 d 的有效性的有效位 f。图1.10(b)给出了编码器如何将 f 和 d 映射到输出向量 $\boldsymbol{o}$ 的编码表。

流控制的工作原理如图1.10所示。

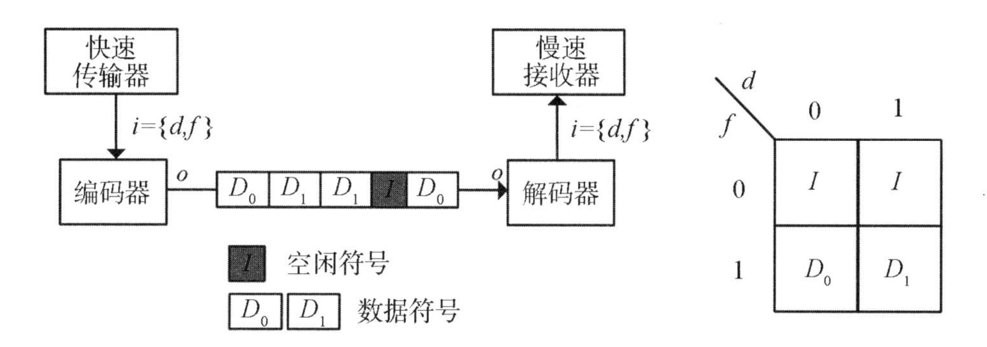

(a) 快速传输器和慢速接收器被编码器和解码器连接起来

(b) 编码器的映射表将 d 和 f 映射到 $\boldsymbol{o}$

图1.10 带有流控制的通信系统及其编码器

需要说明的是:

(1)当接收器能够跟上传输器的速度时,传输器将 f 设为1,这使得编码器按照 d 的值发送 D_d。从图1.10(b)的编码表可知,解码器总能够根据 D_d 恢复 f 和 d。

(2)当接收器无法跟上传输器的速度时,传输器将 f 设为0以阻止编码器继续发送 D_d,转而在不考虑 d 的情况下发送空闲符号 I。而解码器应当识别并淘汰 I,并将 $f\equiv 0$ 发送给接收器。此时 d 的具体值并不重要。

上述流控制能够防止快速传输器发送过多数据以致接收器无法处理。然而,该机制违反了迄今为止所有对偶综合算法[1-4,6-9]的基本假设,因为在 $f\equiv 0$ 的情况下,d 无法被 I 唯一决定。

因此,如何在对偶综合算法中处理流控制,是一件非常有意义的研究工作。

1.3.1.2 流水线结构

工业界现有的编码器都含有流水线结构以提高运行频率。一个带有流水线的简单编码器如图 1.11(a)所示。它的关键数据路径被第一级流水线切割成两段,从而使得运行频率得到两倍的提升。

第一级流水线 $\boldsymbol{G}^0$ 包含数个状态变量。其中输入向量 $\boldsymbol{i}$ 被用于计算该级流水线 $\boldsymbol{G}^0$,而流水线 $\boldsymbol{G}^0$ 则被用于计算 $\boldsymbol{o}$。根据该结构,$\boldsymbol{G}^0$ 能够被 $\boldsymbol{o}$ 唯一决定,而 $\boldsymbol{i}$ 能够被 $\boldsymbol{G}^0$ 唯一决定。

因此,一个由工程师设计的合理解码器,应当如图 1.11(b)所示,从 $\boldsymbol{o}$ 中使用组合逻辑 C^1 恢复 $\boldsymbol{stg}^0$,并进一步使用组合逻辑 C^0 从 $\boldsymbol{stg}^0$ 中恢复 $\boldsymbol{i}$。在此类解码器中,关键路径被流水线 $\boldsymbol{stg}^0$ 切断,以改善时序。

然而,目前所有的对偶综合算法[4,6-9]均使用 Jiang 提出的基于 Craig 插值[11]的算法[23]。如图 1.11(c)所示,这些算法从 $\boldsymbol{o}$ 中使用一个大型组合逻辑 $C^0 * C^1$ 直接恢复 $\boldsymbol{i}$。因为没有流水线切断这段复杂逻辑,所以它们变得很慢。

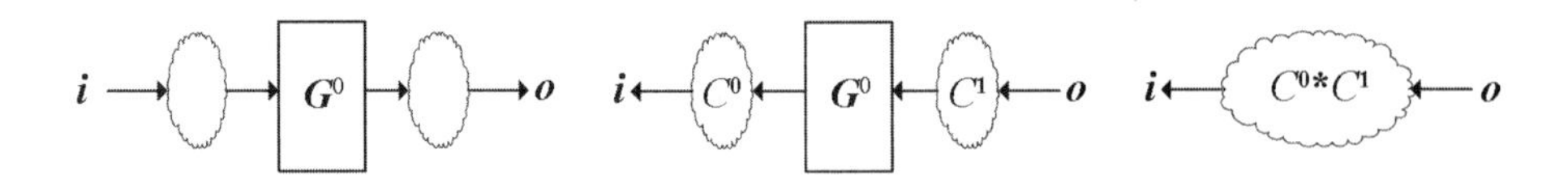

(a)包含一级流水线的编码器　(b)包含流水线的合理解码器　(c)由 Craig 插值产生的没有流水线的解码器

图 1.11　带有流水线的编码器和解码器

因此,研究如何在对偶综合算法中产生具有流水线结构的解码器,也是一件非常有意义的工作。

1.3.2 面临的挑战

根据上述研究内容,本书所提算法面临如下挑战:

(1)在面向流控制的对偶综合中,需要特征化流控向量上的谓词 $valid(\boldsymbol{f})$。而该计算过程需要对大量冗余变量进行存在量化。这导致现有解遍历算法无法高效运行,而基于 Craig 插值的算法[23]又不支持对冗余变量进行存在量化,从而对目前的算法框架提出了严峻挑战。

(2)在面向流控制的对偶综合中,如何扩展目前的算法框架,使得其基本假设"$\boldsymbol{i}$ 始终能被 $\boldsymbol{o}$ 的一个限界序列唯一决定"能够被放松,以处理流控制,是算法面临的另一个严峻挑战。

(3)在面向流水线的对偶综合中,如何推导流水线结构,并生成带有流水线的解码器,是算法面临的又一个挑战。

(4)当上述的流水线和流控制混合在一起,同时出现在同一个编码器中时,如何同时处理两者及其相互之间的复杂关系,是算法面临的又一个严峻挑战。

1.4 研究内容与创新点

为了克服上述挑战,本书基于白盒模型,探索了如何在对偶综合中发掘编码器的内部结构信息,如流控制和流水线,以自动产生支持相应结构的解码器。本书的主要研究内容及创新点包括以下几方面:

(1)研究了基于余子式(cofactor)和 Craig 插值[11]的迭代特征化算法。该算法在每一次迭代中,为每一个尚未被遍历的解 A,利用其对应的余子式化简 R 以满足产生 Craig 插值的要求。而该插值是 A 的一个充分扩展。该迭代过程是停机的,且其性能比传统的完全解遍历算法有巨大的提升。

(2)研究了针对流控制的对偶综合算法。该算法的流程如下:第一,使用经典的对偶综合算法[4]以识别那些能够被唯一决定的输入变量,并将它们加入流控向量$\boldsymbol{f}$,而其他不能被唯一决定的变量加入数据向量$\boldsymbol{d}$;第二,该算法推导一个充分必要谓词 valid($\boldsymbol{f}$),使得$\boldsymbol{d}$能够被输出向量$\boldsymbol{o}$的一个有限长度序列唯一决定;第三,对于每一个流控变量$f \in \boldsymbol{f}$,该算法使用 Craig 插值算法[25]特征化其解码器函数。同时,对于数据向量$\boldsymbol{d}$,它们的值只有在 valid($\boldsymbol{f}$) $\equiv 1$ 时才有意义。因此,每个$d \in \boldsymbol{d}$的解码器函数均可以类似地使用 Craig 插值算法得到,唯一的不同之处在于必须首先应用谓词 valid($\boldsymbol{f}$) $\equiv 1$。

(3)研究了针对流水线结构的对偶综合算法:

第一,将传统对偶综合算法推广到非输入输出情形,找到编码器中每一个流水线级$\boldsymbol{G}^j$中的状态变量集合;

第二,使用 Craig 插值算法特征化每一个流水线级$\boldsymbol{G}^j$的布尔函数,从下一个流水线级$\boldsymbol{G}^{j+1}$或输出$\boldsymbol{o}$之中恢复$\boldsymbol{G}^j$。最终特征化$\boldsymbol{i}$的布尔函数,从第一个流水线级$\boldsymbol{G}^0$中恢复$\boldsymbol{i}$。

(4)结合上述研究成果,研究了能够同时处理流控制和流水线结构的对偶综合算法。该算法首先使用 Qin 等[26]的算法来寻找$\boldsymbol{f}$并推导 valid($\boldsymbol{f}$);然后分别通过强制和不强制 valid($\boldsymbol{f}$),从所有状态变量集合中找到每一个流水线级$\boldsymbol{G}^j$的$\boldsymbol{d}^j$和$\boldsymbol{f}^j$;最后通过 Jiang 等[23]的算法特征化$\boldsymbol{G}^j$和$\boldsymbol{i}$的布尔函数。

综上所述,本书对基于白盒模型的对偶综合算法中若干关键问题进行了深入研究,提出了针对流控制和流水线结构的解决方案。理论分析和实验结果验证了所提出算法的有效性和性能,对于进一步促进对偶综合算法的发展和应用具有一定的理论意义和应用价值。

1.5　本书组织结构

本书共分八章,组织结构如下:

第1章为绪论,介绍了相关的背景知识,对偶综合的基本概念、特点、应用以及研究现状。进一步分析了基于白盒模型的对偶综合技术的研究意义和挑战,并简述本书的研究内容和组织结构。

第2章综述了相关领域研究成果。

第3章描述了基于余子式和 Craig 插值[11]的迭代特征化算法。该算法在推导控制流谓词和特征化解码器的布尔函数中被广泛使用。

第4章描述了面向流控制的对偶综合算法。

第5章描述了面向流水线的对偶综合算法。

第6章将流控制和流水线两个算法有机结合在一起,能够处理同时包含流控制和流水线结构的编码器。

第7章描述了整个试验系统的结构框架,内部各个子系统的功能及相互关系。

第8章总结了全书并展望未来的工作。

第2章　对偶综合相关研究概述

本章简述了与对偶综合相关的各个研究领域的进展。其中,对偶综合、程序求反、超属性模型检验和协议转换在目的方面与本书的研究内容相同或者相似。而可满足赋值遍历和量词削减,以及基于 Craig 插值的逻辑综合算法,则和本书的算法所使用的使能手段相关。

2.1　对偶综合

Shen 等[1]首次提出了对偶综合的概念。该算法通过迭代地增加迁移函数的展开长度以检查解码器是否存在,并通过传统的解遍历算法产生解码器函数。其主要不足在于不停机,且产生解码器的时间开销太大。

Shen 等[4]和 Liu 等[7]分别独立发现了如何通过检测环来得到停机的算法。Shen 等[6]和 Liu 等[7]也分别独立发现了可以通过 Craig 插值加速解码器的生成。

Shen 等[6]提出可自动发掘能够使得解码器存在前提条件的算法。其算法可视为本书算法 4.3 的特例。它们之间的差别在于:Shen 等[6]的算法得到的是一个在每个周期上都必须成立的约束,而本书算法 4.3 则是第一个允许在不同状态步上使用不同谓词的算法。

Tu 等[9]提出了一个突破性的算法,通过使用属性指导的可达性分析算法[40-41],将初始条件考虑到解码器存在性检测中。该算法是第一个能够考虑初始条件的对偶综合算法。

2.2 程序求反

Gulwani 等[42]指出,程序求反是指针对特定程序 P,求解其反程序 P^{-1}。因此,程序求反和对偶综合非常类似。

程序求反的早期工作是基于证明的[43],只能处理非常小的程序和非常简单的语法。

Glück 等[44]提出通过基于 LR 的分析方法消除非确定性,从而综合反程序。然而使用函数式语言使得该算法和本书应用场景不兼容。

Srivastava 等[45]假设反程序和原始程序在结构上是相似的,共享相同的谓词集合和控制流结构。在这方面该算法和本书的白盒模型假设,尤其是流水线推导非常类似。该算法通过在原始程序上迭代地推导和剔除非法路径,以获得合法的反程序。然而当反程序不存在时,该算法不能保证停机,因此其不能保证完备性。

2.3 超属性模型检验

在计算机安全相关的研究领域,Clarkson 等[46]提出的超属性(hyperproperty)代表了与程序可观测性相关的一大类属性。超属性的通常形式是,在满足特定要求的输入集合前提下,在输出上可观察到何种程度的信息。

最常见的超属性是互不干涉属性(noninterference)[46],即当两个路径的输入存在某种差别时,在输出无法观察到差异。文献[46]还给出了互不干涉属性的更为一般化和特殊化的几个变种。很明显,互不干涉属性是对偶综合的反面,即有意地使输入在某种程度上无法唯一决定输出。

Clarkson 等[47]通过扩展传统的线性时态逻辑(linear temporal logic, LTL)和扩展计算树逻辑(extension of the computation tree logic, CTL*)描述上述超属性,并给出了针对扩展 LTL 超属性的模型检验算法。Finkbeiner 等[48]进一步提出基于自动机理论的模型检验算法,其能同时处理扩展了超属性的 LTL 和 CTL*,不过前提是不能带有路径量词的交替。

2.4 协议转换

协议转换是指在不同的通信协议之间自动产生转换器。该领域和本书的工作是相关的,因为它们都试图自动产生通信电路。

Avnit 等[49-50]首先定义了一个通用的通信协议模型,给出了一个算法以检验是否存在某个协议的特定功能无法被翻译为另一个协议,并给出了一个算法以计算目标协议的缓冲区控制函数的不动点。文献[51]引进了一个更高效的状态空间探索算法以提升整体性能。

2.5 可满足赋值遍历和量词削减

绝大多数可满足赋值遍历算法致力于将一个完整的赋值扩展为一个包含较多赋值的赋值集合,以便减少调用 SAT 求解器的次数并压缩存储赋值解的空间开销。此类工作与本书第 3 章中描述的基于余子式和迭代 Craig 插值的算法联系非常紧密。

McMillan 等[14]提出了第一个此类算法。该算法在 SAT 求解器求解过程中构造一个蕴含图,用以记录每个赋值之间的依赖关系。每个不在该图中的赋值变量都可以从最终结果中剔除。Ravi 等[15] 和 Chauhan 等[16]的研究中,如果变量在其不被约束的情况下不能使目标函数粗等于零被满足,则该变量可以从最终结果中剔除。也有研究将冲突分析方法用于剔除与可满足性无关的变量[17-19]。Grumberg 等[20]将变量集合被划分为重要变量和非重要变量集合。搜索过程中重要变量的优先级高于非重要变量。因此,重要变量子集构成了一个搜索树,而该树的每一个叶节点是非重要变量的一个搜索子树。Nopper 等[21]提出了一个针对非完备模型进行反例压缩的算法。Ganai 等[22]则通过将非重要变量设置为 SAT 求解器返回的值以缩减搜索空间。

另一类算法通过 Craig 插值以扩大解集合。Jiang 等[23]提出了第一个此类算法。该算法构造两个相互矛盾的公式,并从它们的不可满足证明中抽取 Craig 插值。Chockler 等[24]认为,Craig 插值的产生过程类似于传统的可满足赋值遍历算法,不过其扩展算法包含两步,分别对应于两个参与计算的公式。Jiang 等[23]提出的算法是第一个不需要产生不可满足证明的 Craig 插值算法。

2.6　基于 Craig 插值的逻辑综合算法

Lee 等[52-53]将函数依赖和逻辑分解问题转换成一个两级布尔函数网络,其中基函数为第一级,而有待求解的函数为第二级。然后约束在第一级输出相同的情况下,第二级输出不同。这将导致所得到的合取公式不可满足。然后调用 Craig 插值算法从不可满足证明中特征化第二级函数。该算法也应用于本书的早期工作[6]中以找到所有可能的解码器。

Wu 等[54]将 Craig 插值用于产生增量编译(engingeer change order, ECO)。其算法将有待求解的 ECO 函数构造成为满足 Craig 插值条件的不可满足公式,并从不可满足证明中抽取 ECO 函数的布尔实现。

在 Jiang 等[23]的论文中,Craig 插值算法被用于从一个布尔关系中产生布尔函数。该算法也被应用于本文中以产生解码器。

2.7 本章小结

首先,对有启发性的相似工作进行介绍,分析了这些工作的进展情况以及与本书工作的联系和区别;然后,为了便于读者更好地理解书中的技术,对本书直接使用的一些基础技术进行了介绍。

第3章　基于余子式和Craig插值的迭代特征化算法

3.1　引言

在形式化验证和综合领域,对于两个存在某种内在联系的逻辑向量 $\boldsymbol{a}$ 和 $\boldsymbol{b}$,有两种不同的方式表达它们之间的联系:关系和函数。

其中,关系 $R(\boldsymbol{a}, \boldsymbol{b})$ 更具一般性,能够表达 $\boldsymbol{a}$ 和 $\boldsymbol{b}$ 之间的任意对应,尤其是一对多的对应,这是关系比函数具有更强描述能力的地方。这种一般性在形式化验证中广泛用于描述非确定性行为以扩展描述能力[55],以及构造抽象模型[56]以削减计算复杂性等。

而另一方面,函数是关系的一种受限形式。如果 $R(\boldsymbol{a}, \boldsymbol{b})$ 满足以下要求,则能将其转换为相应的函数 $\boldsymbol{b}:=f(\boldsymbol{a})$:对 $\boldsymbol{a}$ 的任意取值 $x \in [\![\boldsymbol{a}]\!]$,均存在且仅存在唯一的 $y \in [\![\boldsymbol{b}]\!]$,使得 $R(x, y)$。

以图 3.1 为例。对于图 3.1(a)中的一对一映射,可以使用布尔函数 $y_1 = x_1 \wedge x_2$ 和 $y_2 = \neg x_1 \wedge \neg x_2$ 表示。对于图 3.1(b)中的布尔关系,并不存在相应的布尔函数,因为 $(x_1, x_2) = (0, 1)$ 的情形被映射到了多个 (y_1, y_2) 的组合。而这种情况可以使用如下布尔关系表示:

$$R=\left\{\begin{array}{ll} & (\neg x_1 \wedge \neg x_2 \wedge \neg y_1 \wedge \neg y_2) \\ \vee & (\neg x_1 \wedge x_2 \wedge \neg y_1 \wedge \neg y_2) \\ \vee & (\neg x_1 \wedge x_2 \wedge y_1 \wedge y_2) \\ \vee & (x_1 \wedge \neg x_2 \wedge \neg y_1 \wedge \neg y_2) \\ \vee & (x_1 \wedge x_2 \wedge y_1 \wedge \neg y_2) \end{array}\right\} \tag{3.1}$$

在实际的软硬件设计与验证领域,存在大量的情况需要从一个关系中获得相应的函数。如:在自动激励生成算法中从约束描述产生相应的激励函数[57];证明导引抽象中的抽象模型构造[58],本书中推导控制流谓词和特征化解码器;等等。

为此,本章提出了基于余子式[22]和 Craig 插值[11]的迭代特征化算法,以从布尔关系 $R(\boldsymbol{a}, \boldsymbol{b}, t)$ 中特征化函数 $t=f(\boldsymbol{a})$。

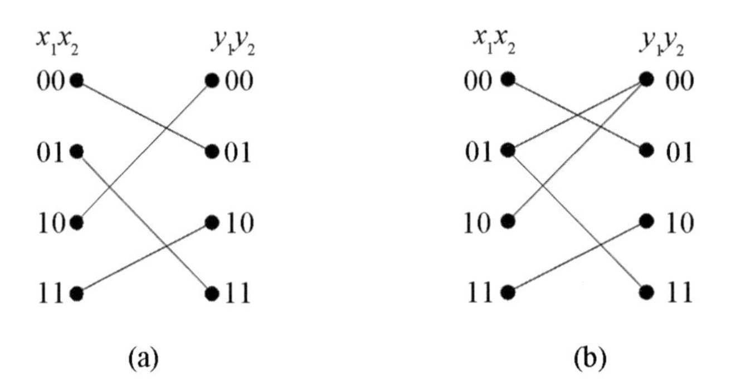

图 3.1　关系和函数的布尔映射

3.2　Craig 插值的原理和实现

需要说明的是,本节描述的 Craig 插值原理引自文献[25]。

3.2.1 相关背景知识和记法

在通常的 SAT 求解器,包括本书使用的 MiniSat[34] 中,要求待求解的公式被表示为 CNF 格式。其中一个公式是多个短句的合取(conjunction),而每一个短句是多个文字的析取(disjunction),每个文字是一个布尔变量 v 或者其反 $\neg v$。如公式 $(v_0 \vee \neg v_1 \vee v_2) \wedge (v_1 \vee v_2) \wedge (\neg v_0 \vee v_2)$,包含短句 $v_0 \vee \neg v_1 \vee v_2$、$v_1 \vee v_2$ 和 $\neg v_0 \vee v_2$。而短句 $v_0 \vee \neg v_1 \vee v_2$ 包含文字 v_0、$\neg v_1$ 和 v_2。

当存在一个变量 v,使得一个短句 c 中同时包含两个文字 v 和 $\neg v$,则称 c 为重言(tautological)的。通常假设有待 SAT 求解器求解的公式中所有的短句都是非重言的。

假设公式 F 的布尔变量全集为 V。若存在对 V 的赋值函数 $A: V \to \{0, 1\}$,使得 F 中的每个短句均能取值为 1,则称 F 是可满足的,此时 SAT 求解器能够找到赋值函数 A;否则称 F 为不可满足的,此时 SAT 求解器能够产生如下节所述的不可满足证明。

3.2.2 不可满足证明

对于两个短句 $c_1 = v \vee B$ 和 $c_2 = \neg v \vee C$,当 $A \vee B$ 非重言时,$A \vee B$ 称为它们的 resolvant,而 v 称为它们的 pivot。易知以下事实:

$$
\begin{cases}
\text{resolvant}(c_1, c_2) = \exists v, c_1 \wedge c_2 \\
c_1 \wedge c_2 \to \text{resolvant}(c_1, c_2)
\end{cases}
\tag{3.2}
$$

定义 3.1 对于不可满足公式 F,假设其短句集合为 C,则其不可满足证明 Π 是一个有向无环图(V_Π, E_Π),其中 V_Π 是短句集合,E_Π 是连接 V_Π 中短句的有向边集合。Π 满足:

(1)对于节点 $c \in V_\Pi$,有以下两种可能:

(a)$c \in C$,此时称 c 为 Π 的根;

(b)c 有且仅有两个扇入边 $c_1 \to c$ 和 $c_2 \to c$,使得 c 是 c_1 和 c_2 的 resolvant。

(2)空短句是 Π 的唯一叶节点。

直观地说,Π 就是一棵树,以短句集合 C 的子集为根,以空短句为唯一叶节点。而每个节点 c 的两个扇入边 $c_1 \to c$ 和 $c_2 \to c$ 代表了一个 resolving 关系 $c := \text{resolvant}(c_1, c_2)$。

包括本书使用的 MiniSat 求解器[34]在内的许多 SAT 求解器,当公式不可满足时都将产生一个不可满足证明 Π。

3.2.3 Craig 插值算法

根据文献[11],给定两个布尔逻辑公式 A 和 B,若 $A \wedge B$ 不可满足,则存在仅使用了 A 和 B 共同变量的公式 I,使得 $A \Rightarrow I$ 且 $I \wedge B$ 不可满足。I 被称为 A 针对 B 的 Craig 插值[11]。

目前,最常见且最高效地产生 Craig 插值的算法是 McMillan 算法[25]。其基本原理描述如下:

对于上述公式 A 和 B,已知 $A \wedge B$ 不可满足,而 Π 是 SAT 求解器给出的不可满足证明。当一个变量 v 同时出现在 A 和 B 中时,称其为全局变量。当 v 只出现在 A 中时,则称其为 A 本地变量。

对于文字 v 或者 $\neg v$,当变量 v 是全局变量或者 A 本地变量时,称该文字为全局文字或者 A 本地文字。

对于短句 c,令 $g(c)$ 为 c 中所有全局文字的析取,$l(c)$ 为 c 中所有 A 本地文字的析取。

例如,假设有两个短句 $c_1=(a \vee b \vee \neg c)$ 和 $c_2=(b \vee c \vee \neg d)$,并假设 $A=\{c_1\}$ 和 $B=\{c_2\}$,则 $g(c_1)=(b \vee \neg c)$,$l(c_1)=(a)$,$g(c_2)=(b \vee c)$,$l(c_2)=\text{FALSE}$。

定义 3.2　令 (A,B) 为一对公式,而 Π 是 $A \wedge B$ 的不可满足证明,且其唯一叶节点是空短句 FALSE。对于每一个节点 $c \in V_\Pi$,令 $p(c)$ 为如下定义的一个公式:

(1) 如果 c 是根节点,则:

(a) 当 $c \in A$ 时,$p(c)=g(c)$;

(b) 当 $c \notin A$ 时,$p(c)=\text{TRUE}$。

(2) 如果 c 不是根节点,令 c_1 和 c_2 分别是 c 的两个扇入节点,而 v 是它们的 pivot 变量,则:

(a) 当 v 是 A 本地变量时,$p(c)=p(c_1) \vee p(c_2)$;

(b) 当 v 不是 A 本地变量时,$p(c)=p(c_1) \wedge p(c_2)$。

定义 3.2 是构造性的,已经给出了从不可满足证明 Π 中得到最终的 Craig 插值的算法,即以 Π 的根节点为起点,为每一个 c 计算相应的 $p(c)$,直至到达最终的唯一叶节点 FALSE。由此,可得出以下定理:

定理 3.1　定义 3.2 为唯一叶节点 FALSE 产生的 $p(\text{FALSE})$,即为 A 相对于 B 的 Craig 插值。

该定理的详细证明可见文献[59]。

计算 A 相对于 B 的 Craig 插值的时间复杂度为 $O(N+L)$。其中,N

是 $\boldsymbol{\Pi}$ 中包含的节点个数 $|V_{\Pi}|$，而 L 是 $\boldsymbol{\Pi}$ 中的文字个数 $\Sigma_{c \in V_{\Pi}}|c|$。而所产生的插值可以视为一个电路，其空间复杂度为 $|O(N+L)|$。当然，$\boldsymbol{\Pi}$ 的尺寸在最坏情况下也是 $A \wedge B$ 的尺寸的指数。

3.3 非迭代的特征化算法

假设有布尔关系 $R(\boldsymbol{a},t)$ 使得 $R(\boldsymbol{a},1) \wedge R(\boldsymbol{a},0)$ 不可满足。需要从 R 中特征化函数 f，使得 $t=f(\boldsymbol{a})$。根据上述的讨论，可以简单地令 $A=R(\boldsymbol{a},1)$、$B=R(\boldsymbol{a},0)$，此时，A 相对于 B 的 Craig 插值 $\boldsymbol{\Pi}$ 具有以下性质：

(1) $R(\boldsymbol{a},1) \rightarrow \boldsymbol{\Pi}$，这说明 $\boldsymbol{\Pi}$ 覆盖了所有能够使得 $R(\boldsymbol{a},1)$ 可满足的 $[\![\boldsymbol{a}]\!]$。

(2) $R(\boldsymbol{a},0) \wedge \boldsymbol{\Pi}$ 不可满足，这说明 $\boldsymbol{\Pi}$ 没有覆盖任何使得 $R(\boldsymbol{a},0)$ 可满足的 $[\![\boldsymbol{a}]\!]$。

(3) $\boldsymbol{\Pi}$ 仅引用了 $R(\boldsymbol{a},0)$ 和 $R(\boldsymbol{a},1)$ 的共同变量集合 $\boldsymbol{a}$。这说明 $\boldsymbol{\Pi}$ 是一个定义在 $\boldsymbol{a}$ 上的函数。

因此，$\boldsymbol{\Pi}$ 即为函数 f。

该算法在本书的后续章节中被广泛应用于构造解码器的布尔函数。

3.4 迭代的特征化算法

上一节讨论了如何从关系 $R(\boldsymbol{a},t)$ 中特征化函数 $t=f(\boldsymbol{a})$。然而，在更一般的情形下，需要从 $R(\boldsymbol{a},\boldsymbol{b},t)$ 中特征化函数 $t=f(\boldsymbol{a})$。相比之下，此时多了一个需要进行存在性量化的 $\boldsymbol{b}$。为此，需要将上述算法进行以下扩展：

假设 $R(\boldsymbol{a},\boldsymbol{b},t)$ 是一个使得 $R(\boldsymbol{a},\boldsymbol{b},0) \wedge R(\boldsymbol{a},\boldsymbol{b},1)$ 不可满足的布尔公式。

其中,$\boldsymbol{a}$ 和 $\boldsymbol{b}$ 分别称为重要和非重要变量子集,t 是目标变量。进一步假设 $R(\boldsymbol{a},\boldsymbol{b},t)$ 是可满足的。

需要从中特征化一个布尔函数 $F_R^{\mathrm{SAT}}(\boldsymbol{a})$,覆盖且仅覆盖所有能够使得 $R(\boldsymbol{a},\boldsymbol{b},1)$ 可满足的 $\boldsymbol{a}$。形式化的定义如下:

$$F_R^{\mathrm{SAT}}(\boldsymbol{a}):=\begin{cases}1 & \exists \boldsymbol{b},R(\boldsymbol{a},\boldsymbol{b},1)\\ 0 & \text{其他情况}\end{cases} \tag{3.3}$$

因此,一个计算 $F_R^{\mathrm{SAT}}(\boldsymbol{a})$ 的简单算法如下:逐一遍历并收集所有使得 $R(\boldsymbol{a},\boldsymbol{b},1)$ 可满足的 $\boldsymbol{a}$ 的赋值。然而,该算法需要处理 $2^{|\boldsymbol{a}|}$ 种情况。对于很长的 $\boldsymbol{a}$,时间开销会很大。

使用余子式化(cofactoring)[22] 和 Craig 插值[25],可以将每一个 $\boldsymbol{a}$ 扩展为一个更大的集合,从而极大提高算法运行速度。直观地说,假设 $R(\boldsymbol{a},\boldsymbol{b},1)$ 的一个满足赋值是 A: $\boldsymbol{a}\cup\boldsymbol{b}\cup\{t\}\rightarrow\{0,1\}$,通过余子式化可以构造以下公式:

$$R(\boldsymbol{a},A(\boldsymbol{b}),1):=R(\boldsymbol{a},\boldsymbol{b},1)\wedge b\equiv A(b) \tag{3.4}$$

$$R(\boldsymbol{a},A(\boldsymbol{b}),0):=R(\boldsymbol{a},\boldsymbol{b},0)\wedge b\equiv A(b) \tag{3.5}$$

因为 $R(\boldsymbol{a},A(\boldsymbol{b}),0)\wedge R(\boldsymbol{a},A(\boldsymbol{b}),1)$ 不可满足,所以 $R(\boldsymbol{a},A(\boldsymbol{b}),1)$ 针对 $R(\boldsymbol{a},A(\boldsymbol{b}),0)$ 的 Craig 插值 $\mathrm{Interp}(\boldsymbol{a})$ 可以用作 $\boldsymbol{a}$ 使得 $R(\boldsymbol{a},A(\boldsymbol{b}),1)$ 可满足的上估计。同时,由于 $\mathrm{Interp}(\boldsymbol{a})\wedge R(\boldsymbol{a},A(\boldsymbol{b}),0)$ 不可满足,因此 $\mathrm{Interp}(\boldsymbol{a})$ 没有覆盖任何使得 $R(\boldsymbol{a},A(\boldsymbol{b}),0)$ 可满足的情况。综上所述,$\mathrm{Interp}(\boldsymbol{a})$ 覆盖且仅覆盖了所有使得 $R(\boldsymbol{a},A(\boldsymbol{b}),1)$ 可满足的 $\boldsymbol{a}$。

基于上述讨论,提出算法3.1以特征化等式(3.3)中的 $F_R^{\mathrm{SAT}}(\boldsymbol{a})$。算法3.1中:

算法 3.1 CharacterizingFormulaSAT(R, $\boldsymbol{a}$, $\boldsymbol{b}$, t)：特征化使得 $R(\boldsymbol{a}, \boldsymbol{b}, 1)$ 可满足的 $\boldsymbol{a}$ 集合

1：$F_R^{SAT}(\boldsymbol{a}) := 0$；
2：**while** $R(\boldsymbol{a}, \boldsymbol{b}, 1) \wedge \neg F_R^{SAT}(\boldsymbol{a})$ 可满足 **do**
3：　　假设 $A: \boldsymbol{a} \cup \boldsymbol{b} \cup \{t\} \rightarrow \{0, 1\}$ 是可满足赋值函数；
4：　　$\varphi_A(\boldsymbol{a}) := R(\boldsymbol{a}, A(\boldsymbol{b}), 1)$；
5：　　$\varphi_B(\boldsymbol{a}) := R(\boldsymbol{a}, A(\boldsymbol{b}), 0)$；
6：　　假设 $\mathrm{Interp}(\boldsymbol{a})$ 是 φ_A 针对 φ_B 的 Craig 插值；
7：　　$F_R^{SAT}(\boldsymbol{a}) := \mathrm{Interp}(\boldsymbol{a}) \vee F_R^{SAT}(\boldsymbol{a})$；
8：**end while**
9：**return** $F_R^{SAT}(\boldsymbol{a})$

行 2 检测是否仍然存在尚未被 $F_R^{SAT}(\boldsymbol{a})$ 覆盖，且使得 $R(\boldsymbol{a}, \boldsymbol{b}, 1)$ 可满足的 $\boldsymbol{a}$。

行 4 和行 5 将可满足赋值中 $\boldsymbol{b}$ 的取值分别赋予 $R(\boldsymbol{a}, \boldsymbol{b}, 1)$ 和 $R(\boldsymbol{a}, \boldsymbol{b}, 0)$。这将使得 $\boldsymbol{b}$ 不再出现在这两个公式中。

由于 $\varphi_A \wedge \varphi_B$ 在行 6 不可满足且 φ_A 和 φ_B 的共同变量是 $\boldsymbol{a}$，因此可以使用 McMillian 算法[25]计算 Craig 插值 $\mathrm{Interp}(\boldsymbol{a})$。

$\mathrm{Interp}(\boldsymbol{a})$ 将在行 7 被加入 $F_R^{SAT}(\boldsymbol{a})$，并在行 2 被排除。

算法 3.1 的每一个循环将向 $F_R^{SAT}(\boldsymbol{a})$ 中加入至少一个 $\boldsymbol{a}$ 的赋值。这意味着 $F_R^{SAT}(\boldsymbol{a})$ 覆盖了 $\boldsymbol{a}$ 的一个有界并且单调增长的赋值集合。因此，算法 3.1 是停机的。

3.5 可选的 BDD 整理和化简

上述由迭代特征化算法产生的函数,本质上是一系列 Craig 插值结果的析取。然而,正如 3.3 节所指出的,Craig 插值结果是一个包含大量自由组合的与门、或门和反相器的电路,结构非常不规则。

对于不同的应用需求,上述问题的影响各不相同。

(1)对于特征化解码器的情形,由于当这些解码器进行物理实现时,还需要由 Design Compiler[60] 这样的逻辑综合器进行处理,而这些工具具有非常强大的优化能力。因此不规则的 Craig 插值结果并不会对此类应用产生不良影响。

(2)然而,对于特征化控制流谓词这样的应用,由于产生的结果需要由工程师手工检查,因此对可读性的要求非常高。

针对后一种应用,本书提出了基于 BDD[13] 的整理算法。利用 BDD 本身的规范性(canonical),首先将 Craig 插值结果转换为 BDD,然后使用 CUDD 工具包[61] 提供的遍历功能,遍历并导出每个 Cube,形成多个合取项的析取形式。

该算法具有独特的优缺点,有不同的选用场合。

(1)由于该算法能够极大地化简 Craig 插值结果的表达式,因此通常用于特征化控制流谓词。

(2)由于在处理包含大量异或门的电路时,BDD 很容易出现组合爆炸问题,从而导致运行算法的机器内存溢出,因此在特征化解码器时并不调用该算法。

3.6 本章小结

本章综述了 Craig 插值算法的原理及其实现,以及基于其实现的迭代式特征化算法。相对于传统的状态空间遍历算法,该算法能够极大提升遍历状态空间的能力。

本章算法将在本书的剩余部分被其他算法频繁调用,包括解码器特征化和流控谓词推导。

第 4 章　面向流控制的对偶综合

4.1　引言

在通信和多媒体芯片设计中,一个最困难且容易出错的工作就是设计该协议的编码器和解码器。其中,编码器将输入向量 $\boldsymbol{i}$ 映射到输出向量 $\boldsymbol{o}$,而解码器则从 $\boldsymbol{o}$ 中恢复 $\boldsymbol{i}$。对偶综合算法通过自动生成特定编码器的解码器,以降低该工作的复杂度并提高结果的可靠性。该算法的一个前提假设是,编码器的输入向量 $\boldsymbol{i}$ 总能够被输出向量 $\boldsymbol{o}$ 的一个有限长度序列唯一决定。

然而,许多高速通信系统的编码器带有流控制[10],该功能直接违反了上述假设。图 4.1(a)展示了一个带有流控机制的通信系统的结构。其中一个传输器和一个接收器通过一个编码器和一个解码器连接在一起。从传输器到编码器有两个输入变量:有待编码的数据位 d 和代表 d 的有效性的有效位 f。图 4.1(b)给出了编码器如何将 f 和 d 映射到输出向量 $\boldsymbol{o}$ 的编码表。

该流控制的工作原理如下:

(1) 当接收器能够跟上发送器的速度时,发送器将 f 设为 1,这使得编码器按照 d 的值发送 D_d。从图 4.1(b)的编码表可知,解码器总能够根据 D_d 恢复 f 和 d。

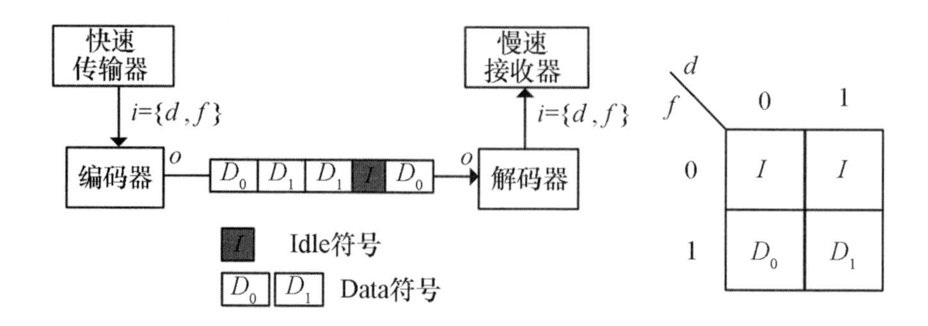

(a)快速传输器和慢速接收器被编码器和解码器连接起来

(b)编码器的映射表将 d 和 f 映射到 $\boldsymbol{o}$

图 4.1　带有流控制的通信系统及其编码器

(2)当接收器无法跟上发送器的速度时,发送器将 f 设为 0 以阻止编码器继续发送 D_d,转而在不考虑 d 的情况下发送空闲符号 I;而解码器应当识别并淘汰 I,并将 $f\equiv0$ 发送给接收器。此时,d 的具体值并不重要。

上述流控制能够防止快速发送器发送过多数据以至于接收器无法处理。然而,该机制违反了迄今为止所有对偶综合算法的基本假设,因为 d 无法被 I 唯一决定。很明显,为了解决该问题,只需考虑 $f\equiv1$ 的情形,因为在此情况下 d 是能够被唯一决定的;而对于 $f\equiv0$ 的情况,d 是无意义的,可以不考虑。基于上述讨论,本书提出了首个能够处理流控制的对偶综合算法。该算法分为三步:首先,使用算法 1.2 发掘所有能够被唯一决定的输入变量,并将它们作为流控向量 $\boldsymbol{f}$;然后,在 $\boldsymbol{f}$ 上特征化一个流控谓词 valid($\boldsymbol{f}$),使得剩余的所有输入变量均能被输出唯一决定;最后,调用 Craig 插值算法[25]产生解码器的布尔函数。

该算法的第二步类似于文献[6]提出的算法,因为它们都试图得到使得 $\boldsymbol{d}$ 或者 $\boldsymbol{i}$ 被唯一决定的谓词。然而,它们的根本区别在于:文献[6]的算法推导的是一个全局谓词,必须在整个展开的迁移关系序列上都成立;而本书算法得到的是仅应用于当前步的谓词,以恢复 $\boldsymbol{d}$。因此,本书算法可以视为文献[6]中算法的一般化。

实验结果表明,对于多个来自工业界的复杂编码器(如以太网[27]和PCI Express[29]),本书算法总能够正确地识别流控向量 $\boldsymbol{f}$、推导谓词 valid($\boldsymbol{f}$),并产生解码器;同时,也和现有算法在运行时间、电路面积和时序方面进行了比较。

4.2　识别流控向量

本节介绍如何识别流控向量 $\boldsymbol{f}$ 和如何使用增量求解算法加速该算法。

4.2.1　识别流控向量 $\boldsymbol{f}$

为了便于描述,假设 $\boldsymbol{i}$ 可以划分为两个向量:流控向量 $\boldsymbol{f}$ 和数据向量 $\boldsymbol{d}$。

因为流控向量 $\boldsymbol{f}$ 用于表达 $\boldsymbol{d}$ 的有效性,所以对于一个正确设计的编码器,$\boldsymbol{f}$ 总能够被输出向量 $\boldsymbol{o}$ 的一个有限长度序列唯一决定;否则,解码器无法识别 $\boldsymbol{d}$ 的有效性。

因此,提出算法4.1用于识别 $\boldsymbol{f}$。其中,$F_{PC}(p, l, r)$ 和 $F_{LN}(p, l, r)$ 分别定义于式(1.2)和式(1.4)。算法4.1中:

在行2,$\boldsymbol{f}$ 和 $\boldsymbol{d}$ 被设为空向量。

在行5,p、l 和 r 的初始值被设为0。

在行6,一个 while 循环被用于遍历 $i \in \boldsymbol{i}$。

在行11,能够被唯一决定的输入变量 i 将被加入 $\boldsymbol{f}$。

算法 4.1　FindFlow($\boldsymbol{i}$)：识别 $\boldsymbol{f}$

```
1: f := {};
2: d := {};
3: p:=0 ;
4: l:=0 ;
5: r:=0 ;
6: while i≠{} do
7:         假设 i∈i;
8:         p++;
9:         l++;
10:        r++;
11:        if F_PC(p, l, r)对于 i 不可满足 then
12:            f := i∪f;
13:            i := i - i;
14:        else if F_LN(p, l, r)对于 i 可满足且赋值为 A then
15:            for j∈i do
16:                if A(j_{p+l}) ≠ A(j'_{p+l}) then
17:                    i := i - j;
18:                    d := j∪d;
19:                end if
20:            end for
21:        end if
22: end while
23: return(f,p,l,r);
```

另一方面，当 $\boldsymbol{i}$ 非常长时，逐一测试 $i \in \boldsymbol{i}$ 的时间开销会很大。为了加速该算法，当 $F_{\mathrm{LN}}(p, l, r)$ 在行 14 可满足时，每个在 j_{p+l} 和 j'_{p+l} 上取不同值的 $j \in \boldsymbol{i}$ 也将在行 15 被加入 $\boldsymbol{d}$，因为它们自己的 $F_{\mathrm{LN}}(p,l,r)$ 也可满足。

在某些特殊情况下，一些 $d \in \boldsymbol{d}$ 也能够像 $f \in \boldsymbol{f}$ 那样被唯一决定。此时，d 也将被算法 4.1 识别为流控变量。但是这不会对算法产生不利影响，因为这些 d 的解码器函数也会被正确特征化（具体在 4.5 节进行阐述）。

4.2.2　使用增量 SAT 求解器加速识别算法

通过 1.1.2.5 节中的 MiniSat 增量求解机制，能进一步加速算法 4.1。

通过将式（1.2）的第 4 行单独移出，式（1.2）中的 $F_{\mathrm{PC}}(p, l, r)$ 可以划分为以下两个等式：

$$C_{\mathrm{PC}}(p,l,r):=\left\{\begin{array}{ll} & \bigwedge_{m=0}^{p+l+r}\{(\boldsymbol{s}_{m+1}, \boldsymbol{o}_m) \equiv T(\boldsymbol{s}_m, \boldsymbol{i}_m)\} \\ \wedge & \bigwedge_{m=0}^{p+l+r}\{(\boldsymbol{s}'_{m+1}, \boldsymbol{o}'_m) \equiv T(\boldsymbol{s}'_m, \boldsymbol{i}'_m)\} \\ \wedge & \bigwedge_{m=p}^{p+l+r} \boldsymbol{o}_m \equiv \boldsymbol{o}'_m \\ \wedge & \bigvee_{m=0}^{p+l+r} \operatorname{assertion}(\boldsymbol{i}_m) \\ \wedge & \bigwedge_{m=0}^{p+l+r} \operatorname{assertion}(\boldsymbol{i}'_m) \end{array}\right\} \tag{4.1}$$

$$A_{\mathrm{PC}}(p,l,r):=\{i_{p+l} \equiv 1 \wedge i'_{p+l} \equiv 0\} \tag{4.2}$$

类似地，可以将式（1.4）中的 $F_{\mathrm{LN}}(p,l,r)$ 划分为以下两个等式：

$$C_{\mathrm{LN}}(p,l,r):=\left\{\begin{array}{ll} & C_{PC}(p,l,r) \\ \wedge & \bigvee_{x=0}^{p-1} \bigvee_{y=x+1}^{p}\{\boldsymbol{s}_x \equiv \boldsymbol{s}_y \wedge \boldsymbol{s}'_x \equiv \boldsymbol{s}'_y\} \\ \wedge & \bigvee_{x=p+1}^{p+l-1} \bigvee_{y=x+1}^{p+l}\{\boldsymbol{s}_x \equiv \boldsymbol{s}_y \wedge \boldsymbol{s}'_x \equiv \boldsymbol{s}'_y\} \\ \wedge & \bigvee_{x=p+l+1}^{p+l+r-1} \bigvee_{y=x+1}^{p+l+r}\{\boldsymbol{s}_x \equiv \boldsymbol{s}_y \wedge \boldsymbol{s}'_x \equiv \boldsymbol{s}'_y\} \end{array}\right\} \tag{4.3}$$

$$A_{LN}(p,l,r):=\{i_{p+l}\equiv 1 \wedge i'_{p+l}\equiv 0\} \quad (4.4)$$

很明显，C_{PC}和 C_{LN}是独立于特定 $i\in\boldsymbol{i}$ 的，所以可以使用 addClause（C_{PC}）或 addClause（C_{LN}）将它们一次性添加进入 MiniSat 的短句数据库。与此同时，由于 A_{PC}和 A_{LN}中的短句只包含单个文字，因此它们可以作为调用 solve 函数时的假设集合。

因此，基于上述等式，可以使用增量求解机制将算法 4.1 修改成为算法 4.2。其主要修改在于行 10 和行 17 上的两个 addClause，以及行 12 和行 19 上的两个 solve。这些新加的函数来自在 1.1.2.5 节中描述的 MiniSat 的增量求解机制接口。

算法 4.2　FindFlowIncSAT($\boldsymbol{i}$)：基于增量求解识别流控向量

```
1: f := {};
2: d := {};
3: p:= 0;
4: l:= 0;
5: r:= 0;
6: while i≠ {} do
7:        p++;
8:        l++;
9:        r++;
10:       addClause(C_PC(p,l,r));
11:       for i∈i do
12:           if solve(A_PC(p,l,r))不可满足 i then
13:               i := i - i;
14:               f := i∪f;
15:           end if
```

续

```
16:         end for
17:         addClause(C_LN(p,l,r));
18:         for i ∈ i do
19:             if solve(A_LN(p,l,r))可满足 i 且赋值为 A then
20:                 for j ∈ i do
21:                     if A(j_{p+l}) ≠ A(j'_{p+l}) then
22:                         i := i - j;
23:                         d := j ∪ d;
24:                     end if
25:                 end for
26:             end if
27:         end for
28: end while
29: return(f,p,l,r)
```

4.3　推导使数据向量被唯一决定的谓词

在本节中，将使用 3.4 节的迭代特征化算法推导 valid(f)，也就是使得 $\boldsymbol{d}$ 能够被 $\boldsymbol{o}$ 的有限长度序列唯一决定的谓词。

本节首先定义 valid(f) 的一个单调增长下估计，然后定义 valid(f) 的一个单调递减上估计，最后指出这两个估计将收敛至 valid(f)，同时证明了该算法的正确性。

4.3.1 计算 valid(*f*)的单调增长下估计

通过将式(1.2)中的 i 替换为 $\boldsymbol{d}$,可得到:

$$F_{\mathrm{PC}}^{\boldsymbol{d}}(p,l,r):=\left\{\begin{array}{ll} & \bigwedge_{m=0}^{p+l+r}\{(\boldsymbol{s}_{m+1},\boldsymbol{o}_m)\equiv T(\boldsymbol{s}_m,\boldsymbol{i}_m)\} \\ \wedge & \bigwedge_{m=0}^{p+l+r}\{\boldsymbol{s}'_{m+1},\boldsymbol{o}'_m)\equiv T(\boldsymbol{s}'_m,\boldsymbol{i}'_m)\} \\ \wedge & \bigwedge_{m=p}^{p+l+r}\boldsymbol{o}_m\equiv\boldsymbol{o}'_m \\ \wedge & \boldsymbol{d}_{p+l}\neq\boldsymbol{d}'_{p+l} \\ \wedge & \bigwedge_{m=0}^{p+l+r}\mathrm{assertion}(\boldsymbol{i}_m) \\ \wedge & \bigwedge_{m=0}^{p+l+r}\mathrm{assertion}(\boldsymbol{i}'_m) \end{array}\right\} \tag{4.5}$$

如果 $F_{\mathrm{PC}}^{\boldsymbol{d}}(p, l, r)$ 可满足,则 $\boldsymbol{d}_{p+l}$ 无法被 $<\boldsymbol{o}_p,\cdots,\boldsymbol{o}_{p+l+r}>$ 唯一决定。通过提取式(4.5)的第三行,可得到:

$$T_{\mathrm{PC}}(p,l,r):=\{\bigwedge_{m=p}^{p+l+r}\boldsymbol{o}_m\equiv\boldsymbol{o}'_m\} \tag{4.6}$$

通过将 $T_{\mathrm{PC}}(p,l,r)$ 代入 $F_{\mathrm{PC}}^{\boldsymbol{d}}(p,l,r)$,可得到一个新的公式:

$$F'^{\boldsymbol{d}}_{\mathrm{PC}}(p,l,r,t):=\left\{\begin{array}{ll} & \bigwedge_{m=0}^{p+l+r}\{(\boldsymbol{s}_{m+1},\boldsymbol{o}_m)\equiv T(\boldsymbol{s}_m,\boldsymbol{i}_m)\} \\ \wedge & \bigwedge_{m=0}^{p+l+r}\{\boldsymbol{s}'_{m+1},\boldsymbol{o}'_m)\equiv T(\boldsymbol{s}'_m,\boldsymbol{i}'_m)\} \\ \wedge & t\equiv T_{\mathrm{PC}}(p,l,r) \\ \wedge & \boldsymbol{d}_{p+l}\neq\boldsymbol{d}'_{p+l} \\ \wedge & \bigwedge_{m=0}^{p+l+r}\mathrm{assertion}(\boldsymbol{i}_m) \\ \wedge & \bigwedge_{m=0}^{p+l+r}\mathrm{assertion}(\boldsymbol{i}'_m) \end{array}\right\} \tag{4.7}$$

很明显,$F_{\mathrm{PC}}^{\boldsymbol{d}}(p, l, r)$ 和 $F'^{\boldsymbol{d}}_{\mathrm{PC}}(p, l, r, 1)$ 是等价的。进一步定义:

$$\boldsymbol{a}:=\boldsymbol{f}_{p+l} \tag{4.8}$$

$$\boldsymbol{b}:=\boldsymbol{d}_{p+l}\cup\boldsymbol{d}'_{p+l}\cup\boldsymbol{s}_0\cup\boldsymbol{s}'_0\cup\bigcup_{0\leqslant x\leqslant p+l+r,x\neq(p+l)}(\boldsymbol{i}_x\cup\boldsymbol{i}'_x) \tag{4.9}$$

则 $\boldsymbol{a}\cup\boldsymbol{b}$ 包含了两个迁移函数展开序列上的所有输入状态向量 $<\boldsymbol{i}_0,\cdots,\boldsymbol{i}_{p+l+r}>$ 和 $<\boldsymbol{i}'_0,\cdots,\boldsymbol{i}'_{p+l+r}>$。它同时也包含了两个展开序列的初

始状态 $\boldsymbol{s}_0$ 和 $\boldsymbol{s}'_0$。进一步分析，式(4.7)前两行的迁移关系序列能够从输入序列和初始状态唯一地计算出输出序列。因此，$\boldsymbol{a}$ 和 $\boldsymbol{b}$ 能够唯一决定 $F'^{d}_{pc}(p, l, r, t)$ 中 t 的取值；对于特定 p、l 和 r，以 $\boldsymbol{f}_{p+l}$ 为输入并使得 $F'^{d}_{\mathrm{PC}}(p, l, r, 1)$ 可满足的函数可以通过以 $F'^{d}_{\mathrm{PC}}(p, l, r, t)$、$\boldsymbol{a}$ 和 $\boldsymbol{b}$ 为参数调用算法 3.1 得到：

$$F^{\mathrm{SAT}}_{\mathrm{PC}}(p,l,r) := \mathrm{CharacterizingFormulaSAT}(F'^{d}_{\mathrm{PC}}(p,l,r,t), \boldsymbol{a}, \boldsymbol{b}, t) \tag{4.10}$$

因此，$F^{\mathrm{SAT}}_{\mathrm{PC}}(p,l,r)$ 覆盖了使 $F^{d}_{\mathrm{PC}}(p,l,r)$ 可满足的 $\boldsymbol{f}_{p+l}$ 赋值集合；其反 $\neg F^{\mathrm{SAT}}_{\mathrm{PC}}(p,l,r)$ 是使 $F^{d}_{\mathrm{PC}}(p,l,r)$ 不可满足的 $\boldsymbol{f}_{p+l}$ 集合。

从命题 1.1 可知，$F^{d}_{\mathrm{PC}}(p, l, r)$ 的不可满足证明可以推广到任意更大的 p、l 和 r 上。任意被 $\neg F^{\mathrm{SAT}}_{\mathrm{PC}}(p,l,r)$ 覆盖的 $\boldsymbol{f}$ 也仍然能够使 $F^{d}_{\mathrm{PC}}(p, l, r)$ 对于任意更大的 p、l 和 r 不可满足。所以可得：

命题 4.1　$\neg F^{\mathrm{SAT}}_{\mathrm{PC}}(p,l,r)$ 是 valid($\boldsymbol{f}$) 针对 p、l 和 r 单调递增的一个下估计。

这直观展示在了图 4.2 中。

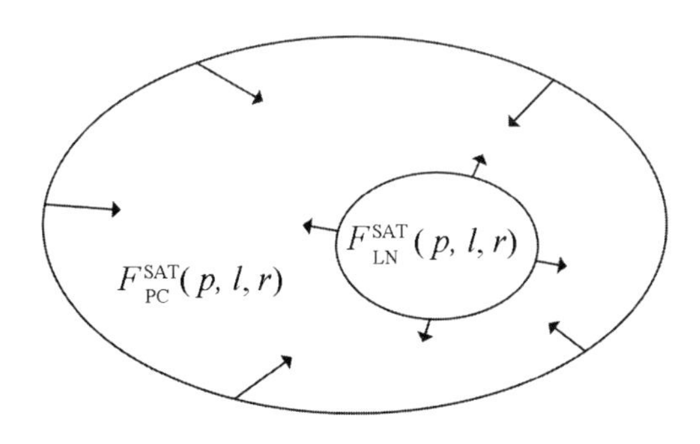

图 4.2　$F^{\mathrm{SAT}}_{\mathrm{PC}}(p,l,r)$ **和** $F^{\mathrm{SAT}}_{\mathrm{LN}}(p,l,r)$ **的单调性**

4.3.2 计算 valid(f)的单调递减上估计

类似地,通过将式(1.4)中 $F_{\mathrm{LN}}(p,l,r)$ 的 i 替换为 $\boldsymbol{d}$,可得:

$$F_{\mathrm{LN}}^{d}(p,l,r):=\left\{\begin{array}{ll} & \bigwedge_{m=0}^{p+l+r}\{(\boldsymbol{s}_{m+1},\boldsymbol{o}_m)\equiv T(\boldsymbol{s}_m,\boldsymbol{i}_m)\} \\ \wedge & \bigwedge_{m=0}^{p+l+r}\{\boldsymbol{s}'_{m+1},\boldsymbol{o}'_m)\equiv T(s'_m,i'_m)\} \\ \wedge & \bigwedge_{m=p}^{p+l+r}\boldsymbol{o}_m\equiv\boldsymbol{o}'_m \\ \wedge & \boldsymbol{d}_{p+l}\neq\boldsymbol{d}'_{p+l} \\ \wedge & \bigwedge_{m=0}^{p+l+r}\mathrm{assertion}(\boldsymbol{i}_m) \\ \wedge & \bigwedge_{m=0}^{p+l+r}\mathrm{assertion}(\boldsymbol{i}'_m) \\ \wedge & \bigvee_{x=0}^{p-1}\bigvee_{y=x+1}^{p}\{\boldsymbol{s}_x\equiv\boldsymbol{s}_y\wedge\boldsymbol{s}'_x\equiv\boldsymbol{s}'_y\} \\ \wedge & \bigvee_{x=p+1}^{p+l-1}\bigvee_{y=x+1}^{p+l}\{\boldsymbol{s}_x\equiv\boldsymbol{s}_y\wedge\boldsymbol{s}'_x\equiv\boldsymbol{s}'_y\} \\ \wedge & \bigvee_{x=p+l+1}^{p+l+r-1}\bigvee_{y=x+1}^{p+l+r}\{\boldsymbol{s}_x\equiv\boldsymbol{s}_y\wedge\boldsymbol{s}'_x\equiv\boldsymbol{s}'_y\} \end{array}\right\} \quad (4.11)$$

如果 $F_{\mathrm{LN}}^{d}(p, l, r)$可满足,则 $\boldsymbol{d}_{p+l}$不能被 $<\boldsymbol{o}_p,\cdots,\boldsymbol{o}_{p+l+r}>$ 唯一决定。进一步分析,类似于命题1.2,通过展开式(4.11)中最后三行的环,能够证明 $\boldsymbol{d}_{p+l}$ 对于任意更大的 p、l 和 r 都不能被唯一决定。通过收集式(4.11)的第三行和最后三行,进一步定义 $T_{\mathrm{LN}}(p,l,r)$:

$$T_{\mathrm{LN}}(p,l,r):=\left\{\begin{array}{ll} & \bigwedge_{m=p}^{p+l+r}\boldsymbol{o}_m\equiv\boldsymbol{o}'_m \\ \wedge & \bigvee_{x=0}^{p-1}\bigvee_{y=x+1}^{p}\{\boldsymbol{s}_x\equiv\boldsymbol{s}_y\wedge\boldsymbol{s}'_x\equiv\boldsymbol{s}'_y\} \\ \wedge & \bigvee_{x=p+1}^{p+l-1}\bigvee_{y=x+1}^{p+l}\{\boldsymbol{s}_x\equiv\boldsymbol{s}_y\wedge\boldsymbol{s}'_x\equiv\boldsymbol{s}'_y\} \\ \wedge & \bigvee_{x=p+l+1}^{p+l+r-1}\bigvee_{y=x+1}^{p+l+r}\{\boldsymbol{s}_x\equiv\boldsymbol{s}_y\wedge\boldsymbol{s}'_x\equiv\boldsymbol{s}'_y\} \end{array}\right\} \quad (4.12)$$

通过将式(4.11)的第三行和最后三行替换为 $T_{\mathrm{LN}}(p,l,r)$,可以得到:

$$F'^{d}_{\mathrm{LN}}(p,l,r,t):=\left\{\begin{array}{cc} & \bigwedge_{m=0}^{p+l+r}\{(\boldsymbol{s}_{m+1},\boldsymbol{o}_m)\equiv T(\boldsymbol{s}_m,\boldsymbol{i}_m)\} \\ \wedge & \bigwedge_{m=0}^{p+l+r}\{\boldsymbol{s}'_{m+1},\boldsymbol{o}'_m)\equiv T(\boldsymbol{s}'_m,\boldsymbol{i}'_m)\} \\ \wedge & t\equiv T_{\mathrm{LN}}(p,l,r) \\ \wedge & \boldsymbol{d}_{p+l}\neq\boldsymbol{d}'_{p+l} \\ \wedge & \bigwedge_{m=0}^{p+l+r}\mathrm{assertion}(\boldsymbol{i}_m) \\ \wedge & \bigwedge_{m=0}^{p+l+r}\mathrm{assertion}(\boldsymbol{i}'_m) \end{array}\right\} \quad (4.13)$$

很显然,$F^{d}_{\mathrm{LN}}(p, l, r)$和 $F'^{d}_{\mathrm{LN}}(p, l, r, 1)$等价。因此,对于特定的$p$、$l$和$r$,定义在$\boldsymbol{f}_{p+l}$上且能够使 $F^{d}_{\mathrm{LN}}(p, l, r)$可满足的函数可以通过下式计算:

$$F^{\mathrm{SAT}}_{\mathrm{LN}}(p,l,r):=\mathrm{CharacterizingFormulaSAT}(F'^{d}_{\mathrm{LN}}(p,l,r,t),\boldsymbol{a},\boldsymbol{b},t) \quad (4.14)$$

同理,结合命题1.2,$F^{d}_{\mathrm{LN}}(p, l, r)$的可满足证明可以扩展到任意更大的$p$、$l$和$r$上。因此,任意被$F^{\mathrm{SAT}}_{\mathrm{LN}}(p,l,r)$覆盖的$\boldsymbol{f}$仍然能够对所有更大的$p$、$l$和$r$使得$F^{d}_{\mathrm{LN}}(p, l, r)$可满足。因此,$F^{\mathrm{SAT}}_{\mathrm{LN}}(p,l,r)$单调增长且是$\neg\,\mathrm{valid}(\boldsymbol{f})$的子集。

因此,可得下列命题:

命题4.2　$\neg\,F^{\mathrm{SAT}}_{\mathrm{LN}}(p,l,r)$是 valid($\boldsymbol{f}$)的单调递减上估计。

此结论也在图4.2中有直观展示。

4.3.3　计算 valid(f)的算法

基于命题4.1和4.2,给出算法4.3以推导 valid($\boldsymbol{f}_{p+l}$)。该算法迭代地增加p、l和r,直到$\neg\,F^{\mathrm{SAT}}_{\mathrm{LN}}(p,l,r)\wedge F^{\mathrm{SAT}}_{\mathrm{PC}}(p,l,r)$不可满足。这意味着$F^{\mathrm{SAT}}_{\mathrm{PC}}(p,l,r)$和$F^{\mathrm{SAT}}_{\mathrm{LN}}(p,l,r)$收敛到一个确定的集合上。在此情况下,$\neg\,F^{\mathrm{SAT}}_{\mathrm{PC}}(p,l,r)$即为 valid($\boldsymbol{f}$)。

该算法的正确性证明将在下一小节给出。

算法 4.3 InferringUniqueFormula：推导使 $\boldsymbol{d}_{p+l}$能够被唯一决定的 valid($\boldsymbol{f}_{p+l}$)

1：$p:=p_{\max}$；$l:=l_{\max}$；$r:=r_{\max}$；
2：**while** $\neg F_{\mathrm{LN}}^{\mathrm{SAT}}(p,l,r) \wedge F_{\mathrm{PC}}^{\mathrm{SAT}}(p,l,r)$ **do**
3：　　$p++$；
4：　　$l++$；
5：　　$r++$；
6：**end while**
7：**return** $\neg F_{\mathrm{LN}}^{\mathrm{SAT}}(p,l,r)$

4.3.4 停机和正确性证明

首先，需要证明以下三个引理：

引理 4.1 算法 4.3 中的 $F_{\mathrm{PC}}^{\mathrm{SAT}}(p,l,r)$针对 p，l 和 r 单调递减。

证明：对于任意 $p'>p$、$l'>l$ 和 $r'>l$，假设 $A:\boldsymbol{f}_{p'+l'}\to B$ 是流控变量在第($p'+l'$)步的取值。进一步假设 A 被 $F_{\mathrm{PC}}^{\mathrm{SAT}}(p',l',r')$覆盖。

根据式(4.10)和算法 3.1，易知 A 能够使 $F'^{d}_{\mathrm{PC}}(p',l',r',1)$可满足。假设 $F'^{d}_{\mathrm{PC}}(p',l',r',1)$的满足赋值为 A'。易知 $A(\boldsymbol{f}_{p'+l'})\equiv A'(\boldsymbol{f}_{p'+l'})$。

如图 4.3 所示，通过将第($p'+l'$)步和第($p+l$)步对准，能够将 $F'^{d}_{\mathrm{PC}}(p',l',r',1)$的状态变量、输入变量和输出变量赋值映射到 $F'^{d}_{\mathrm{PC}}(p,l,r,1)$，并淘汰前置和后置的状态序列。对于 $p'+l'-l-p\leqslant n\leqslant p'+l'+r$，将 $F'^{d}_{\mathrm{PC}}(p',l',r',1)$中的 s_n 映射到 $F'^{d}_{\mathrm{PC}}(p,l,r,1)$中的 $s_{n-p'-l'+l+p}$。i_n 和 o_n 的映射类似。

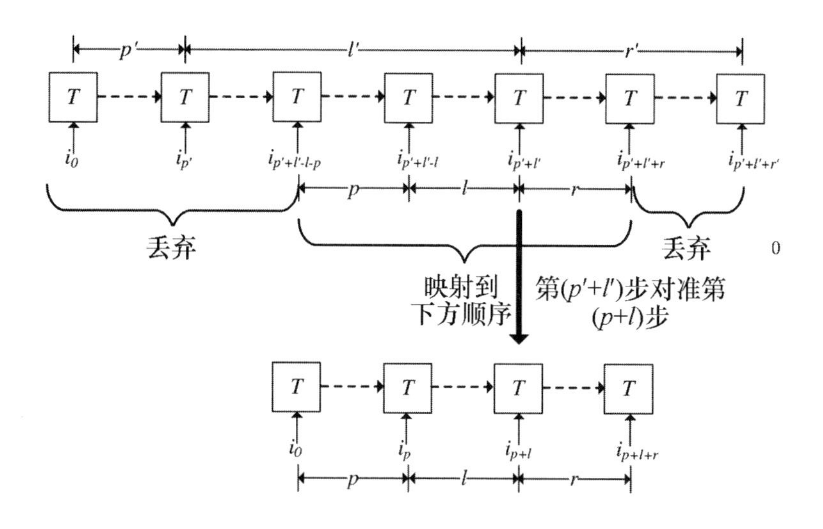

图4.3　通过将第($p'+l'$)步对准第($p+l$)步将 $F'^{d}_{\mathrm{PC}}(p', l', r', 1)$ 映射到 $F'^{d}_{PC}(p, l, r, 1)$

基于该映射,能够将 $F'^{d}_{\mathrm{PC}}(p', l', r', 1)$的 A' 映射为另一个 $F'^{d}_{\mathrm{PC}}(p, l, r, 1)$的可满足赋值 A''。

通过将 A''的定义域限制为 $\boldsymbol{f}_{p+l}$,可以得到第四个可满足赋值 $A''':\boldsymbol{f}_{p+l}\rightarrow B$。

从上述构造过程可知:$A'''\equiv A$。

因此,任意被 $F^{\mathrm{SAT}}_{\mathrm{PC}}(p',l',r')$覆盖的 A,都能够被 $F^{\mathrm{SAT}}_{\mathrm{PC}}(p,l,r)$覆盖。

可以证明,$F^{\mathrm{SAT}}_{\mathrm{PC}}(p,l,r)$针对 p、l 和 r 单调递减。■

引理4.2　算法4.3中的 $F^{\mathrm{SAT}}_{\mathrm{LN}}(p,l,r)$针对 p、l 和 r 单调递增。

证明: 对于任意 $p'>p$、$l'>l$ 和 $r'>l$,假设 $A:\boldsymbol{f}_{p+l}\rightarrow B$ 是流控变量在第($p+l$)步的赋值。进一步假设 A 被 $F^{\mathrm{SAT}}_{\mathrm{LN}}(p,l,r)$覆盖。

因此,A 能够使 $F'^{d}_{\mathrm{LN}}(p, l, r, 1)$可满足。假设 $F'^{d}_{\mathrm{LN}}(p, l, r, 1)$的可满足赋值为 A',可知:$A(\boldsymbol{f}_{p+l})\equiv A'(\boldsymbol{f}_{p+l})$。

如图4.4所示,通过对齐第($p+l$)步到第($p'+l'$)步,并展开三个环，能够将 $F'^{d}_{\mathrm{LN}}(p,\ l,\ r,\ 1)$ 映射到 $F'^{d}_{\mathrm{LN}}(p',\ l',\ r',\ 1)$。如此可得到 $F'^{d}_{\mathrm{LN}}(p',\ l',\ r',\ 1)$ 的可满足赋值 A''。

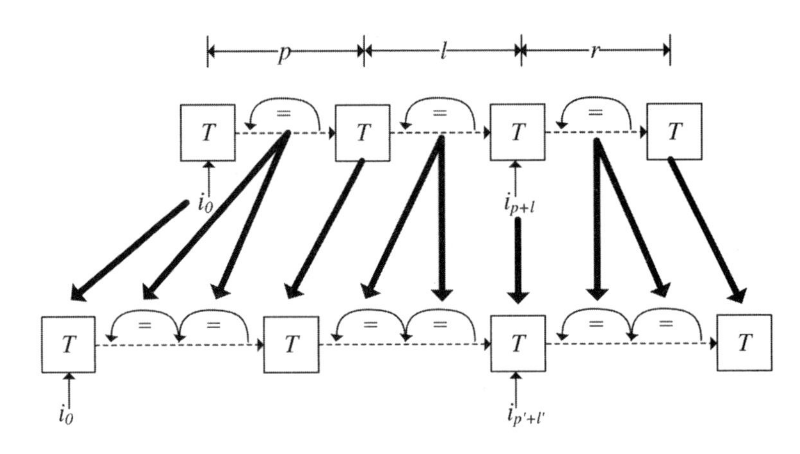

图 4.4　通过将第 $(p+l)$ 步对准 $(p'+l')$ 步并展开三个环，从而将 $F'^{d}_{\mathrm{LN}}(p,\ l,\ r,\ 1)$ 映射到 $F'^{d}_{\mathrm{LN}}(p',\ l',\ r',\ 1)$

通过将 A'' 的定义域限制为 $\boldsymbol{f}_{p'+l'}$，可以得到第四个可满足赋值 A'''：$\boldsymbol{f}_{p'+l'} \to B$，很明显：$A \equiv A'''$。

这意味着每个被 $F^{\mathrm{SAT}}_{\mathrm{LN}}(p,l,r)$ 覆盖的赋值也同时被 $F^{\mathrm{SAT}}_{\mathrm{LN}}(p',l',r')$ 覆盖。因此，$F^{\mathrm{SAT}}_{\mathrm{LN}}(p,l,r)$ 针对 p、l 和 r 单调递增。 ■

引理 4.3　$F^{\mathrm{SAT}}_{\mathrm{LN}}(p,l,r) \Rightarrow F^{\mathrm{SAT}}_{\mathrm{PC}}(p,l,r)$

证明： 很明显，$F'^{d}_{\mathrm{LN}}(p,\ l,\ r,\ 1)$ 的短句集合是 $F'^{d}_{\mathrm{PC}}(p,\ l,\ r,\ 1)$ 的超集，所以 $F'^{d}_{\mathrm{PC}}(p,\ l,\ r,\ 1)$ 的每个可满足赋值也能够使 $F'^{d}_{\mathrm{PC}}(p,\ l,\ r,\ 1)$ 可满足，因此，$F^{\mathrm{SAT}}_{\mathrm{LN}}(p,l,r) \Rightarrow F^{\mathrm{SAT}}_{\mathrm{PC}}(p,l,r)$ 成立。 ■

以上三个引理直观地展示在图 4.2 中。很明显，$\neg F^{\mathrm{SAT}}_{\mathrm{LN}}(p,l,r) \wedge F^{\mathrm{SAT}}_{\mathrm{PC}}(p,l,r)$ 在算法 4.3 中单调递减。基于这些引理，首先证明算法 4.3 是停机的。

定理 4.1：算法 4.3 是停机算法。

证明：编码器是一个有限状态机，其最长的无环路径长度是有限的。如果算法 4.3 不停机，则 p、l 和 r 总会大于该长度。这意味着在状态序列 $<\boldsymbol{s}_0,\cdots,\boldsymbol{s}_p>$、$<\boldsymbol{s}_{p+1},\cdots,\boldsymbol{s}_{p+l}>$ 和 $<\boldsymbol{s}_{p+l+1},\cdots,\boldsymbol{s}_{p+l+r}>$ 上必然存在环。因此，每个 $F'^{d}_{\mathrm{PC}}(p,l,r,1)$ 的可满足赋值必然也能够满足 $F'^{d}_{\mathrm{LN}}(p,l,r,1)$。这意味着 $\neg F^{\mathrm{SAT}}_{\mathrm{LN}}(p,l,r)\wedge F^{\mathrm{SAT}}_{\mathrm{PC}}(p,l,r)$ 不可满足。这将导致算法 4.3 停机。所以得证。 ■

其次，证明算法 4.3 的正确性。

定理 4.2　从算法 4.3 返回的 $\neg F^{\mathrm{SAT}}_{\mathrm{LN}}(p,l,r)$ 覆盖且仅覆盖了所有能够使 $\boldsymbol{d}$ 被 $\boldsymbol{o}$ 的有限长度序列唯一决定的 $\boldsymbol{f}$。

证明：首先证明覆盖的情况。$F^{\mathrm{SAT}}_{\mathrm{LN}}(p,l,r)$ 覆盖了一个 $\boldsymbol{f}$ 集合使 $\boldsymbol{d}$ 对特定的 p、l 和 r 不能被唯一决定，因此 $\neg F^{\mathrm{SAT}}_{\mathrm{LN}}(p,l,r)$ 排除了该集合，从而包含了所有能够使 $\boldsymbol{d}$ 被唯一决定的 $\boldsymbol{f}$。

然后证明仅覆盖的情形。如果 A 是被 $\neg F^{\mathrm{SAT}}_{\mathrm{LN}}(p,l,r)$ 覆盖的 $\boldsymbol{f}$ 的赋值，且能够使 $\boldsymbol{d}$ 针对特定 p'、l' 和 r' 不被唯一决定，则有：

(1) 当 $F^{\mathrm{SAT}}_{\mathrm{LN}}(p',l',r')$ 覆盖 A 时，从引理 4.2 可知，对所有 $p''>\max(p',p)$、$l''>\max(l',l)$ 和 $r''>\max(r',r)$，$F^{\mathrm{SAT}}_{\mathrm{LN}}(p'',l'',r'')$ 也覆盖 A。

(2) 当 $F^{\mathrm{SAT}}_{\mathrm{LN}}(p,l,r)$ 不覆盖 A 时，$F^{\mathrm{SAT}}_{\mathrm{LN}}(p,l,r)$ 是算法 4.3 结束前计算出来的最后一个。这意味着 valid($\boldsymbol{f}$) 的上估计和下估计收敛了。因此，对于所有 $p''>\max(p',p)$、$l''>\max(l',l)$ 和 $r''>\max(r',r)$，$F^{\mathrm{SAT}}_{\mathrm{LN}}(p'',l'',r'')$ 必然等于 $F^{\mathrm{SAT}}_{\mathrm{LN}}(p,l,r)$。由此可知，$F^{\mathrm{SAT}}_{\mathrm{LN}}(p'',l'',r'')$ 也不覆盖 A。

这导致了冲突，因此仅覆盖的情形得证。 ■

4.4 压缩迁移关系展开序列的长度

本节首先介绍为什么和如何削减 l 和 r 的长度；然后给出本书算法的另一种可能结构，并讨论为什么选择了 4.4.1 节中的算法而不是 4.4.2 节中的算法。

4.4.1 压缩 l 和 r

在算法 4.3 中，p、l 和 r 的值同步增长，因此它们的值有可能包含冗余。这将导致产生的解码器在面积和时序上有不必要的额外开销。

例如，假设一个编码器仅包含一个简单的 buffer，其功能为 $o := i$。当 $p \equiv 0$、$l \equiv 0$ 和 $r \equiv 0$ 时，能够得到最简单的解码器 $i := o$。该解码器只包含一个 buffer，不包含状态变量。而当 $p \equiv 0$、$l \equiv 0$ 和 $r \equiv 1$ 时，需要一个额外的状态变量将 o 延迟一步，然后从延迟的 o 中恢复 i_i。

如图 1.7 所示，r 影响解码器的电路面积和延迟，l 仅影响解码器的电路面积，而 p 并不对解码器的上述特性带来影响。

因此，如算法 4.4 所示，可选择首先压缩 r，然后压缩 l。

为了简化描述，仅介绍算法中 r 的情况：在行 1，当 $F_{PC}(p,l,r'-1) \wedge \text{valid}(\boldsymbol{f}_{p+l})$ 可满足时，r' 是最后一个使其不可满足的，将其直接返回 r'；当 $r' \equiv 0$ 仍能够使行 4 的 $F_{PC}(p,l,r') \wedge \text{valid}(\boldsymbol{f}_{p+l})$ 不可满足时，直接返回 0。

算法 4.4　RemoveRedundancy(p, l, r)

```
1:  for r' := r→1 do
2:      if F_PC(p,l,r'-1) ∧ valid(f_{p+l}) 可满足 then
3:          break;
4:      else if r' ≡ 1 then
5:          r' := r' - 1;
6:          break;
7:      end if
8:  end for
9:  for l' := l→1 do
10:     if F_PC(p,l'-1,r') ∧ valid(f_{p+l-1}) 可满足 then
11:         break;
12:     else if l' ≡ 1 then
13:         l' := l' - 1;
14:         break;
15:     end if
16: end for
17: return <l', r'>
```

4.4.2　另一种可能的算法结构

在上述讨论中，算法 4.2 同步增加 p、l 和 r 以找到流控变量，然后在算法4.4 中压缩它们的值。该算法需要调用 SAT 求解器的次数是$O(n)$，其中 $n = \max(p, l, r)$。

还有另一种可能的方法：使用三个嵌套的环逐一增加 p、l 和 r。该算法需要调用 SAT 求解器的次数是 $O(n^3)$。

4.6.6 节将指出同步增加 p、l 和 r 然后使用算法 4.4 进行压缩比单独增加 p、l 和 r 更有优势,并对此进行解释。

4.5 产生解码器函数

在 4.2 节中,解码器的输入 $\boldsymbol{i}$ 被划分为两个变量:流控向量 $\boldsymbol{f}$ 和数据向量 $\boldsymbol{d}$。为这两个向量分别产生解码器函数的算法是不同的,在下文将分别描述。

4.5.1 产生 $\boldsymbol{f}$ 的解码器函数

因为每个 $f \in \boldsymbol{f}$ 都能够被输出向量 $\boldsymbol{o}$ 的有限长度序列唯一决定,所以对于每个特定的输出向量序列 $<\boldsymbol{o}_p,\cdots,\boldsymbol{o}_{p+l+r}>$,$f_{p+l}$ 不能同时取值为 1 和 0。因此,计算 f_{p+l} 的解码器函数可以视为 φ_A 相对于 φ_B 的 Craig 插值,其中 φ_A 和 φ_B 分别定义如下:

$$\varphi_A := \left\{ \begin{array}{lc} & \bigwedge_{m=0}^{p+l+r} \{ (\boldsymbol{s}_{m+1},\boldsymbol{o}_m) \equiv T(\boldsymbol{s}_m,\boldsymbol{i}_m) \} \\ \wedge & f_{p+l} \equiv 1 \\ \wedge & \bigwedge_{m=0}^{p+l+r} \text{assertion}(\boldsymbol{i}_m) \end{array} \right\} \tag{4.15}$$

$$\varphi_B := \left\{ \begin{array}{lc} & \bigwedge_{m=0}^{p+l+r} \{ (\boldsymbol{s}'_{m+1},\boldsymbol{o}'_m) \equiv T(\boldsymbol{s}'_m,\boldsymbol{i}'_m) \} \\ \wedge & \bigwedge_{m=p}^{p+l+r} \boldsymbol{o}_m \equiv \boldsymbol{o}'_m \\ \wedge & f'_{p+l} \equiv 0 \\ \wedge & \bigwedge_{m=0}^{p+l+r} \text{assertion}(\boldsymbol{i}'_m) \end{array} \right\} \tag{4.16}$$

显然 $\varphi_A \wedge \varphi_B$ 等价于式(1.2)中的 $F_{\mathrm{PC}}(p,l,r)$,所以它不可满足。φ_A 和 φ_B 的共同变量集合为 $<\boldsymbol{o}_p,\cdots,\boldsymbol{o}_{p+l+r}>$。因此,Craig 插值 Interp 可以使用 McMillian 算法[25]从 $\varphi_A \wedge \varphi_B$ 的不可满足证明序列中产生。Interp 覆

盖了所有使 $\mathrm{f}_{p+l}\equiv 1$ 的 $<\boldsymbol{o}_p,\cdots,\boldsymbol{o}_{p+l+r}>$ 的赋值。同时，由于 Interp $\wedge\varphi_B$ 不可满足，因此 Interp 没有覆盖任何使 $f_{p+l}\equiv 0$ 成立的 $<\boldsymbol{o}_p,\cdots,\boldsymbol{o}_{p+l+r}>$ 的赋值。由此可知，Interp 是 $f\in\boldsymbol{f}$ 的解码函数。

为了进一步提高产生 $f\in\boldsymbol{f}$ 的解码函数的速度，可以通过以下方式使用 MiniSat 的递增求解机制：

(1) 从 φ_A 中移除 $f_{p+l}\equiv 1$，从 φ_B 中移除 $f'_{p+l}\equiv 0$。

(2) 将 $\varphi_A\wedge\varphi_B$ 加入 MiniSat 的短句数据库。

(3) 针对每一个 $f\in\boldsymbol{f}$，使用 $f_{p+l}\equiv 1$ 和 $f'_{p+l}\equiv 0$ 作为求解的假设，并从不可满足证明中产生 Craig 插值。

4.5.2　产生 $\boldsymbol{d}$ 的解码函数

假设 valid($\boldsymbol{f}$) 是被算法 4.3 推导出来的谓词。为每个 $d\in\boldsymbol{d}$，定义以下两个公式：

$$\varphi'_A := \left\{\begin{array}{lc} & \bigwedge_{m=0}^{p+l+r}\{(\boldsymbol{s}'_{m+1},\boldsymbol{o}'_m)\equiv T(\boldsymbol{s}_m,\boldsymbol{i}_m)\} \\ \wedge & d_{p+l}\equiv 1 \\ \wedge & \mathrm{valid}(\boldsymbol{f}_{p+l}) \\ \wedge & \bigwedge_{m=0}^{p+l+r}\mathrm{assertion}(\boldsymbol{i}'_m) \end{array}\right\} \tag{4.17}$$

$$\varphi_B := \left\{\begin{array}{lc} & \bigwedge_{m=0}^{p+l+r}\{(\boldsymbol{s}'_{m+1},\boldsymbol{o}'_m)\equiv T(\boldsymbol{s}'_m,\boldsymbol{i}'_m)\} \\ \wedge & \bigwedge_{m=p}^{p+l+r}\boldsymbol{o}_m\equiv\boldsymbol{o}'_m \\ \wedge & d'_{p+l}\equiv 0 \\ \wedge & \mathrm{valid}(f'_{p+l}) \\ \wedge & \bigwedge_{m=0}^{p+l+r}\mathrm{assertion}(\boldsymbol{i}'_m) \end{array}\right\} \tag{4.18}$$

当 valid($\boldsymbol{f}$) 成立时，每个 $d\in\boldsymbol{d}$ 均能被唯一决定。因此，如果 valid($\boldsymbol{f}_{p+l}$) 成立，那么对于每个特定的 $<\boldsymbol{o}_p,\cdots,\boldsymbol{o}_{p+l+r}>$，$d_{p+l}$不能同时为 1 和

0。由此可知，$\varphi_A' \wedge \varphi_B'$ 不可满足。可以使用 McMillian 算法[25]从 $\varphi_A' \wedge \varphi_B'$ 的不可满足证明中产生 Craig 插值 Interp。Interp 覆盖且仅覆盖使 $d_{p+l} \equiv 1$ 的 $< \boldsymbol{o}_p, \cdots, \boldsymbol{o}_{p+l+r} >$ 的赋值。因此，Interp 是 $d \in \boldsymbol{d}$ 的解码器函数。

进一步分析，当 valid($\boldsymbol{f}_{p+l}$) 不成立时，数据变量 $d \in \boldsymbol{d}_{p+l}$ 不能被唯一决定。因此，不存在计算它的解码器函数。不过这并不影响本书算法的正确性，因为在这种情况下解码器只需恢复 $\boldsymbol{f}$，并忽略 $\boldsymbol{d}$。

类似地，也可使用 4.5.1 节中的增量求解机制加速该算法。

4.6 实验结果

使用 OCaml 语言[62]实现了所有算法，并使用 MiniSat 1.14[34]求解所有的 CNF 公式。所有的实验使用 1 台包含 16 个 Intel Xeon E5648 2.67 GHz 处理器、192 GB 存储器和 CentOS 5.4 Linux 操作系统的服务器进行。

4.6.1 测试集

表4.1 给出了测试集的信息。表中的每一列依次给出了每个实验对象的输入位数、输出位数、状态位数、映射到 mcnc.genlib 标准单元库后的门数和面积。映射使用 ABC 综合工具[63]，脚本为"strash; dsd; strash; dc2; dc2; dch; map"[8]。由于本章剩余部分给出的所有电路面积和延时都使用同样的设置产生，因此本章的结果可以用于和文献[8]作比较。

表 4.1 测试集

	名字	个数 in/out	个数 reg/gate	电路面积	编码器描述	处理方法
来自文献[6]并有流控制的测试集	PCIE2	10/11	22/149	326	PCIE 2.0[29]	见 4.6.2 节
	XGXS	10/10	17/249	572	10 Gb 以太网 clause 48[27]	见 4.6.3 节
	T2Eth	14/14	53/427	947	UltraSPARC T2 的以太网模块	见 4.6.4 节
来自文献[6]但没有流控的测试集	XFI	72/66	72/5086	12381	10 Gb 以太网 clause 49[27]	见 4.6.5 节（比较本书算法和文献[8]中的算法）
	SCRAM-BLER	64/64	58/353	1034	增加数据中的 01 翻转	
来自文献[8]的测试集	CC_3	1/3	6/22	54	长度为 3 的卷机码	
	CC_4	1/3	7/26	63	长度为 4 的卷机码	
	HM (7,4)	4/7	3/38	103	输入 4 输出 7 的汉明码	
	HM (15,11)	11/15	4/102	317	输入 11 输出 15 的汉明码	

表 4.1 的最后一列也给出了如何描述每一个测试电路的实验结果。

(1)对于来自文献[6]的 5 个测试电路，它们中的大多数都有流控制。这并不奇怪，因为这些测试电路都来自实际的工业项目。相关实验结果将分别在 4.6.2 节、4.6.3 节和 4.6.4 节中描述。

(2)对于其他不包含流控制的测试电路，如果它们的输入都能被输出唯一决定，则本书算法能够将它们所有的输入都识别成流控变量，并直接生成相应的解码器函数。相关实验结果将在 4.6.5 节中描述。

同时，我们还进行了下列额外的实验：

4.6.6 节将比较下列两种不同算法的时间开销：

（1）在算法4.3 中同时增长 p、l 和 r，然后在算法4.4 中压缩它们的值。

（2）在算法4.3 中使用了3 个嵌套的循环分别增长 p、l 和 r。

4.6.7 节将比较在算法4.4 中是否压缩 l 和 r，导致在算法运行时间、解码器面积和延时方面的区别。

4.6.8 节将比较本书算法产生的解码器和手工书写的解码器在电路面积和延迟方面的差别。

4.6.2　PCI Express 2.0 编码器

该编码器遵从 PCI Express 2.0 标准[29]。在删除了所有的注释和空行之后，其源代码包含 259 行 verilog。

表4.2 给出了所有输入和输出的描述。根据 8b/10b 编码机制的描述[64]，当 TXDATAK≡0 时，TXDATA 可以为任何值。而当 TXDATAK≡1 时，TXDATA 只能是 1C、3C、5C、7C、9C、BC、DC、FC、F7、FB、FD 和 FE。因此，用一个断言剔除不在编码表内的情形，并将其嵌入迁移函数 T。

表4.2　PCI Express 2.0 编码器的输入和输出变量描述

	变量名	宽度	描述
输入	TXDATA	8	有待编码的数据
	TXDATAK	1	1 意味着 TXDATA 是一个控制字符 0 意味着 TXDATA 是普通数据
	CNTL_TXEnable_P0	1	1 意味着 TXDATA 和 TXDATAK 有效
输出	HSS_TXD	10	被编码的数据
	HSS_TXELECIDLE	1	电磁空闲状态

算法4.1在0.475 s内识别出了流控向量$\boldsymbol{f}$:= CNTL_TXEnable_P0。算法4.3在1.22 s内推导出了valid($\boldsymbol{f}$):= CNTL_TXEnable_P0。算法4.4在0.69 s内得到压缩后的p := 4、l :=0 和r :=2。最后产生解码器函数花了0.26 s。最终的解码器包含156个门和0个状态变量,面积为366,延迟为7.6。

本书算法的创新之处在于其处理流控机制的能力。为此后文将展示编码器如何将无效的数据向量映射到输出向量$\boldsymbol{o}$。通过研究编码器的代码可发现,当且仅当CNTL_TXEnable_P0≡0成立,也就是TXDATA和TXDATAK无效时,输出HSS_TXELECIDLE才为1。因此,解码器将使用空闲字符HSS_TXELECIDLE来唯一决定流控向量CNTL_TXEnable_P0。

4.6.3　10G以太网编码器XGXS

该编码器遵从IEEE 802.3标准[27]的clause 48。在删除空行和注释后,其包含214行verilog。

表4.3给出了输入和输出变量列表。该编码器也使用8b/10b编码机制[64],它包含两个输入:8位的有待编码数据encode_data_in和1位的控制字符标志位konstant。根据编码表[64],当konstant≡0时,encode_data_in可以是任何值。而当konstant≡1时,encode_data_in只能是1C、3C、5C、7C、9C、BC、DC、FC、F7、FB、FD和FE。因此,将一个手工给出的断言嵌入T以剔除不在编码表内的情形。

表 4.3　10G 以太网编码器 *XGXS* 的输入和输出

	变量名	宽度	描述
输入	encode_data_in	8	有待编码的数据
	konstant	1	1 意味着 encode_data_in 是控制字符 0 意味着 encode_data_in 是普通数据
	bad_code	1	1 意味着 konstant 和 encode_data_in 无效
输出	encode_data_out	10	编码结果

算法 4.1 在 0.31 s 内识别了流控向量 $\boldsymbol{f}$:= bad_code。算法 4.3 在 0.95 s 内推导了谓词 valid($\boldsymbol{f}$) := bad_code。算法 4.4 在 0.52 s 内得到压缩结果 $p := 4$、$l := 0$ 和 $r := 1$。最后，产生解码器花了 0.17 s。该解码器包含 163 个门和 0 个状态变量，面积为 370，延迟为 8.1。

虽然该算法使用了和上述 PCI Express 2.0 编码器相同的编码机制，但它处理流控制的方法则完全不同。该编码器并没有单独的输出用于表明输出的有效性；相反，所有输入的具体值及其有效性都统一编码在 encode_data_out 中。通过研究该编码器的源代码，可以发现当且仅当 bad_code≡1，即当 encode_data_in 和 konstant 均无效时，输出变量 encode_data_out 将成为 0010111101。因此，解码器能够使用 encode_data_out 来唯一决定 bad_code。

4.6.4　UltraSPARC T2 以太网编码器

该编码器来自 UltraSPARC T2 开源处理器。它遵从 IEEE 802.3 标准[27]的 clause 36。在删除空行和注释之后，其包含 864 行 verilog 源代码。

表 4.4 给出了输入和输出变量的列表。该编码器同样使用 8b/10b

编码机制[64]，但是采用了另外一种流控制,完全不同于上述两个编码器。虽然有待编码的数据仍然是8位的txd,但是并不存在单独的有效位,而是在一个4位的tx_enc_ctrl_sel中定义执行什么样的动作。细节如表4.5所示,可以看出,控制字符和流控制被混合在tx_enc_ctrl_sel中。表4.5的最后四种情形不能被唯一决定,因为它们无法和PCS_ENC_DATA区分开来。因此,使用一个断言将它们剔除。

表4.4　UltraSPARC T2以太网编码器的输入输出列表

	变量名字	宽度	描述
输入	txd	8	有待编码的数据
	tx_enc_ctrl_sel	1	参见表4.5
	tx_en	1	传输使能
	tx_er	1	传输一个错误字符
输出	tx_10bdata	10	编码结果
	txd_eq_crs_ext	10	传输一个特殊错误字符 其中 tx_er≡1 且 txd≡8′h0F
	tx_er_d	1	传输一个错误字符
	tx_en_d	1	传输使能
	pos_disp_tx_p	1	正向奇偶校验

算法4.1在3.76 s内识别了流控向量$\boldsymbol{f}$:= {tx_enc_ctrl_sel, tx_en, tx_er}。算法4.3在21.53 s内推导了谓词valid($\boldsymbol{f}$) := tx_enc_ctrl_sel≡'PCS _ENC_DATA。算法4.4在6.15 s内得到压缩结果$p := 5$、$l := 0$和$r := 4$。最后,产生解码器花了3.40 s。解码器包含401个门和9个状态变量,面积为920,延迟为10.2。如表4.5的最后一列所示,前5种情况都有各自特殊的控制字符被赋予tx_10bdata。因此,解码器总能从tx_

10bdata 恢复出 tx_enc_ctrl_sel。

表 4.5　UltraSPARC T2 以太网编码器的动作列表

动作名称	动作含义
‘PCS_ENC_K285	发送 K28.5 控制字符
‘PCS_ENC_SOP	发送 K27.7 控制字符
‘PCS_ENC_T_CHAR	发送 K29.7 控制字符
‘PCS_ENC_R_CHAR	发送 K23.7 控制字符
‘PCS_ENC_H_CHAR	发送 K30.7 控制字符
‘PCS_ENC_DATA	发送编码后的 txd
‘PCS_ENC_IDLE2	发送 K28.5 D16.2 序列
‘PCS_ENC_IDLE1	发送 D5.6 数据符号
‘PCS_ENC_LINK_CONFA	发送 K28.5 D21.5 序列
‘PCS_ENC_LINK_CONFB	发送 K28.5 D2.2 序列

4.6.5　针对不具备流控制的编码器的算法比较

表4.6针对不具备流控制的编码器比较了本书算法和文献[8]的算法。

对于从 XFI 到 HM(15,11)的 6 个测试电路,可获得其源代码,而文献[8]记载了实验结果。因此,能够比较本书算法和文献[8]算法的结果。

表4.6　比较本书算法和文献[8]的算法

名字	本书算法				文献[8]		
	检查解码器存在的时间开销	产生解码器的时间开销	解码器面积	解码器延迟	检查解码器存在和产生解码器的时间开销	解码器面积	解码器延迟
XFI	13.24	6.13	3878	13.8	8.59	3913	12.5
SCRAMBLER	1.80	0.55	698	3.8	0.42	640	3.8
CC_3	0.06	0.03	116	8.5	0.21	104	9.1
CC_4	0.16	0.09	365	12.5	0.20	129	9.0
HM(7,4)	0.09	0.03	258	8.1	0.05	255	7.3
HM(15,11)	1.49	2.23	5277	13.7	2.02	3279	13.2

通过比较第2列和第3列之和与第6列,可见文献[8]算法比本书算法快很多,尤其是第2列。产生这种差距的主要原因在于本书算法需要逐一检查每个 $i \in \boldsymbol{i}$ 是否能被唯一决定,而文献[8]算法可以在一次SAT求解之中检查所有的 i。

另一个问题是本书算法的面积和延迟均大于文献[8]算法,原因在于本书算法所采用的Craig插值算法实现仍不够优化,可以通过移植ABC[63]的相应代码得到改善。

4.6.6　比较两种可能性:同时增长 p、l 和 r 或者单独增长

在算法4.2中,同时增加 p、l 和 r,并在算法4.4中压缩它们的冗余值。在此称其为A1方案。

4.4.2节给出了另一种可能性:使用3个嵌套的循环来单独增长每一个 p、l 和 r。在此称其为A2方案。

表4.7比较了这两种方案。

表 4.7　比较两种可能性：同时增长 p、l 和 r 或者单独增长

测试基准程序	A1：同时增长					A2：单独增长				
	p,l,r	时间识别 f	时间推导 $valid(\boldsymbol{f})$	时间压缩 p,l,r	整体时间开销	p,l,r	时间识别 f	时间推导 valid($\boldsymbol{f}$)	时间压缩 p,l,r	整体时间开销
PCIE2	3,0,2	0.49	1.21	0.68	2.38	3,0,2	0.38	0.80	0.38	1.60
XGXS	3,0,1	0.31	0.88	0.52	1.71	3,0,1	0.23	0.58	0.30	1.11
T2Eth	4,0,4	4.28	15.17	6.25	25.70	4,0,4	15.47	13.85	6.19	35.51
XFI	2,1,0	4.59	3.60	9.55	17.74	2,1,0	3.52	2.75	10.05	16.32
SCRAMBLER	2,1,0	0.64	0.58	1.33	2.55	2,1,0	0.48	0.43	1.47	2.38
CC_3	3,2,2	0.01	0.01	0.04	0.06	3,2,2	0.01	0.01	0.01	0.03
CC_4	4,4,3	0.07	0.01	0.08	0.16	4,1,4	0.16	0.01	0.07	0.25
HM(7,4)	3,0,0	0.02	0.01	0.07	0.09	3,0,0	0.01	0.01	0.04	0.06
HM(15,11)	3,0,0	0.22	0.05	1.21	1.49	3,0,0	0.34	0.04	0.58	0.96

通过比较第 6 列和第 11 列中的整体时间开销，很显然 A2 在大多数情形下比 A1 快。只有 T2Eth 是一个例外。

这意味着应当使用 A2 而不是 A1 吗？答案是否定的。

从 4.4.2 节可知，A1 需要调用 SAT 求解器的次数为 $O(n)$，其中 $n=\max(p,\ l,\ r)$，而 A2 需要的次数为 $O(n^3)$。对于比较小的 n，两者并没有很大的区别；而对于较大的 n，比如 T2Eth，A1 对 A2 的优势是显著的。

由于 A2 在小电路上有优势，而 A1 在大电路上有优势，因此仍然选择 A1，也就是首先同步增加 p、l 和 r，然后在算法 4.4 中压缩它们。

CC_4 是唯一一个在第 2 列和第 7 列具有不同 p、l 和 r 的测试电路，这是 l 和 r 的不同增长顺序导致的。对于 A1 方案，其解码器包含 14 个状态变量、206 个门、490 面积和 13.3 延迟。对于 A2 方案，其解码器包含 10 个状态变量、61 个门、154 面积和 9.6 延迟。因此，A2 方案比 A1 好很多。但是这仍然不意味着应当使用 A2。具体原因将在下一小节得到更多实验数据支撑之后进一步展开解释。

4.6.7 针对是否压缩 l 和 r 的算法比较

为了改善解码器的面积和延迟，算法 4.4 被用于在产生解码器之前压缩 l 和 r。表 4.8 展示了其效果，表中：

第 1 列是测试电路名字。当算法 4.4 未被使用时，第 2 列到第 6 列分别给出 p、l 和 r 的值、产生解码器的运行时间、解码器面积、解码器包含的状态变量个数和解码器最大的逻辑延迟。当算法 4.4 被使用时，这些数据在最后 5 列给出，第 7 列则给出 l 和 r。

表 4.8　在压缩和不压缩 l 和 r 的两种算法之间比较运行时间、电路面积和延迟

基准	不压缩					使用算法 4.4 压缩					
	p,l,r	时间生成解码器	解码器面积	寄存器个数	最大逻辑延迟	时间压缩 p,l,r	p,l,r	时间生成解码器	解码器面积	寄存器个数	最大逻辑延迟
PCIE2	3,3,3	0.44	382	11	7.5	0.68	3,0,2	0.28	366	0	7.6
XGXS	3,3,3	0.35	351	20	8.2	0.52	3,0,1	0.18	370	0	8.1
T2Eth	4,4,4	4.76	1178	9	10.9	6.25	4,0,4	3.41	920	9	10.2
XFI	2,2,2	10.67	5079	190	16.50	9.55	2,1,0	6.13	3878	58	13.8
SCRMBL	2,2,2	1.27	826	186	3.8	1.33	2,1,0	0.55	698	58	3.8
CC_3	3,3,3	0.04	117	11	9.2	0.04	3,2,2	0.03	116	9	8.5
CC_4	4,4,4	0.05	154	10	9.6	0.08	4,4,3	0.09	365	14	12.5
HM(7,4)	3,3,3	0.05	262	21	7.2	0.07	3,0,0	0.03	258	0	8.1
HM(15,11)	3,3,3	2.98	5611	45	13.5	1.21	3,0,0	2.23	5277	0	13.7

通过比较第2列至第6列和第8列至第12列，可以看出算法4.4显著地压缩了 l 和 r。

CC_4 再次引起我们的注意。从第4列到第6列，可以发现电路面积和延迟非常类似于上一小节的 A2 情形，而它的 p、l 和 r 则类似于 A1 情形。这意味着 CC_4 的解码器至少有两种差别很大的实现方式。而具体哪一种被选中取决于 SAT 求解器和 Craig 插值算法内部的某些不稳定因素。这回答了上一小节的疑惑，即 A1 方案中的电路质量下降并不是由 A1 导致的，所以仍然应当使用 A1。

4.6.8 本书算法和手工书写的解码器之间的比较

表4.9在本书算法和手工书写的解码器之间比较了电路面积和延迟。CC_3、CC_4、HM(7,4)和HM(15,11)没有在表中是因为我们没有获得它们的手写解码器。

表4.9　在本书算法和手工书写的解码器之间比较电路面积和延迟

基准	本书算法		手工书写的解码器	
	面积	最大逻辑延迟	面积	最大逻辑延迟
PCIE2	366	7.6	594	9.7
XGXS	370	8.1	593	11.0
T2Eth	920	10.2	764	11.7
XFI	3878	13.8	3324	28.1
SCRAMBLER	698	3.8	1035	6.4

通过表4.9，可以明显地得出，在大多数情况下本书解码器比手工解码器更小也更快的结论。少数的例外是 T2Eth 和 XFI 两个情况，本书算法所产生的解码器比手工解码器稍微大一些。

4.7　本章小结

本章提出了第一个能够处理流控制的对偶综合算法。实验结果表明,本书算法能够为多个来自实际工业项目的复杂编码器(包括 PCI Express[29]和以太网[27])正确地生成包含流控制的解码器。

第 5 章　面向流水线的对偶综合

5.1　引言

在通信和多媒体芯片设计项目中，最困难的一个工作是针对特定的协议（如以太网[27]和 PCI Express[29]）设计相应的编码器和解码器。其中：编码器负责将输入 $\boldsymbol{i}$ 映射至输出 $\boldsymbol{o}$，而解码器则负责从 $\boldsymbol{o}$ 中恢复 $\boldsymbol{i}$。为了降低此项工作的难度并提高设计质量，Shen 等首先提出了对偶综合算法[1-9]以自动产生相应的解码器。该算法的一个基本假设是 $\boldsymbol{i}$ 总能够被 $\boldsymbol{o}$ 的一个有限序列唯一决定。基于该假设，解码器的布尔函数可以使用 Jiang 等[23]提出的基于 Craig 插值[11]的算法进行特征化。

与此同时，通过分析现有的工业界编码器，发现它们都含有流水线结构以提高运行频率。

图 5.1（a）展示了一个带有一级流水线的简单编码器。其关键数据路径被第一级流水线切割成为两段，从而使得运行频率得到两倍的提升。

它的第一级流水线 $\boldsymbol{G}^0$ 包含数个状态变量。输入向量 $\boldsymbol{i}$ 被用于计算该级流水线 $\boldsymbol{G}^0$，而 $\boldsymbol{G}^0$ 则被用于计算 $\boldsymbol{o}$。根据该结构，$\boldsymbol{G}^0$ 能够反过来被 $\boldsymbol{o}$ 唯一决定，而 $\boldsymbol{i}$ 则进一步能够被 $\boldsymbol{G}^0$ 唯一决定。

因此，一个由工程师设计的合理解码器，应当如图 5.1（b）所示，从 $\boldsymbol{o}$

中使用组合逻辑 C^1 恢复 $\boldsymbol{G}^0$,并进一步使用组合逻辑 C^0 从 $\boldsymbol{G}^0$ 中恢复 $\boldsymbol{i}$。在该解码器中,关键路径被流水线级 $\boldsymbol{G}^0$ 切断,以改善时序。

然而,目前所有的对偶综合算法[4,6-9]均使用 Jiang 等提出的基于 Craig 插值[11]的算法[23]特征化解码器的布尔函数,从而产生解码器。如图 5.1(c)所示,这些算法产生的解码器从 $\boldsymbol{o}$ 中使用一个大型组合逻辑 $C^0 * C^1$ 直接恢复 $\boldsymbol{i}$,因为没有流水线状态变量切断这段复杂逻辑,所以它们变得很慢。

为此,本章提出了一个新颖的算法以产生如图 5.1(b)所示的带有流水线的解码器。首先,通过将早期的完备停机对偶综合算法 1.2 进行适当扩展,以用于测试任意两个周期中,任意变量相互之间是否能够唯一决定,并使用该扩展算法找到编码器中每一个流水线级 $\boldsymbol{G}^j$ 中的状态变量。其次,基于上述算法中产生的不可满足公式,使用 Craig 插值特征化每一个流水线级 $\boldsymbol{G}^j$ 的布尔函数,以从下一个流水线级 $\boldsymbol{G}^{j+1}$ 或输出 $\boldsymbol{o}$ 之中恢复 $\boldsymbol{G}^j$。最后,使用类似算法特征化 $\boldsymbol{i}$ 的布尔函数以从第一个流水线级 $\boldsymbol{G}^0$ 中恢复 $\boldsymbol{i}$。

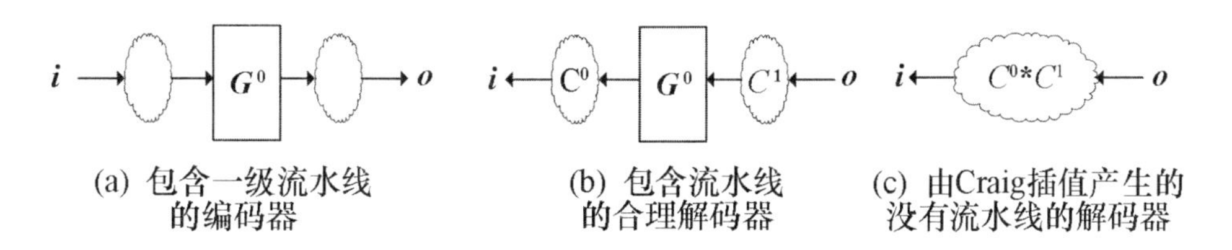

图 5.1　带有流水线的编码器和解码器

为了展示该算法的有效性,本书在多个复杂的工业界实际编码器(如 PCI Express[29]和以太网[27])上进行了实验。实验结果表明,该算法总能够产生流水线解码器,且时序性能相对于传统的对偶综合算法产生的非流水解码器有巨大的提升。

5.2 编码器的流水线结构

5.2.1 流水线的一般性模型

如图 5.2 所示，假设该编码器的状态向量 $\boldsymbol{s}$ 可以划分为 n 级流水线，即：

$$\boldsymbol{s} \equiv \bigcup_{0 \leqslant j \leqslant n-1} \boldsymbol{G}^j \tag{5.1}$$

如果把组合逻辑 C^j 视为一个函数，则编码器可以用下列的公式表示：

$$\begin{cases} \boldsymbol{G}^0 := C^0(\boldsymbol{i}) \\ \boldsymbol{G}^j := C^j(\boldsymbol{G}^{j-1}) \quad 1 \leqslant j \leqslant n-1 \\ \boldsymbol{o} := C^n(\boldsymbol{G}^{n-1}) \end{cases} \tag{5.2}$$

因此，每个 C^j 可以视为一个小型的编码器用于从 $\boldsymbol{G}^{j-1}$ 或 $\boldsymbol{i}$ 中计算 $\boldsymbol{G}^j$ 或 $\boldsymbol{o}$。

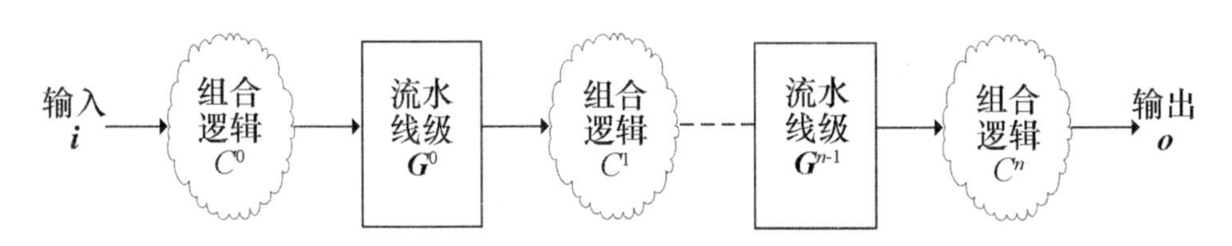

图 5.2 包含流水线级的编码器一般性结构

在本章的剩余部分：上标始终表示特定的流水线级，例如，$\boldsymbol{G}^j$ 是第 j 个流水线级。而下标则如 1.1.3 节所述，表示在迁移函数展开序列中的步数，例如，$\boldsymbol{G}_k^j$ 是第 j 个流水线级在迁移函数展开序列中第 k 步的值。

图 5.3 直观地展示了图 5.2 中的各个流水线级在迁移函数展开序列中的记法。根据式(5.1)，$\boldsymbol{s}_k$ 实际上包含了所有流水线级在第 k 步的取

值,即:

$$s_k \equiv \bigcup_{0 \leqslant j \leqslant n-1} G^j \tag{5.3}$$

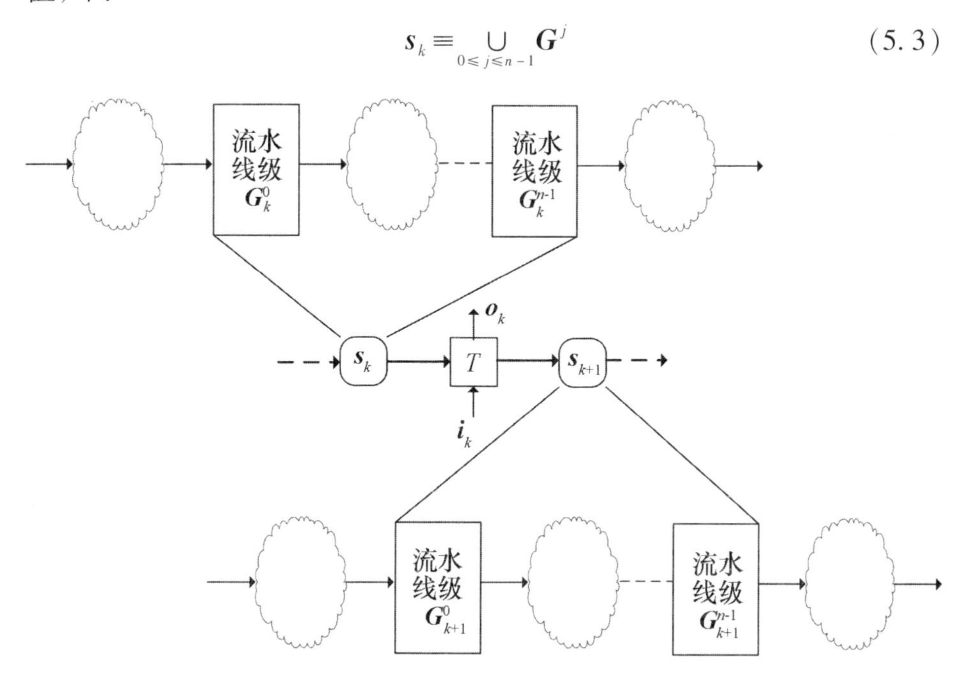

图 5.3　流水线级在迁移函数展开序列中的直观表示方式

5.2.2　推导 p、l 和 r

在推导之前,首先使用算法 1.2 得到 p、l 和 r。

因为至少存在一个 $i \in \boldsymbol{i}$,所以需要为每一个 $i \in \boldsymbol{i}$ 使用算法 1.2 以得到它们对应的 p、l 和 r。

然后将最终的 p、l 和 r 设置为所有 $i \in \boldsymbol{i}$ 中最大的 p、l 和 r。根据式(1.2),这些 p、l 和 r 能够使得 $<\boldsymbol{o}_p, \cdots, \boldsymbol{o}_{p+l+r}>$ 唯一决定所有 $i_{p+l} \in \boldsymbol{i}_{p+l}$。

5.2.3 压缩 r 和 l

由于算法 1.2 同步增长 p、l 和 r,因此在 l 和 r 中可能存在冗余。因此,需要首先在算法 5.1 中压缩 r。算法 5.1 中:

在行 1,当 $F_{\mathrm{PC}}(p,l,r'-1)$ 可满足时,r'是最后一个使 $F_{\mathrm{PC}}(p,l,r')$ 不可满足的,将其直接返回。或者,当 $r'\equiv 0$ 时,$F_{\mathrm{PC}}(p,l,0)$ 已经在上一次迭代中被测试过,且结果必然是不可满足,在这种情况下,则返回 0。

算法 5.1　RemoveRedundancy(p, l, r)

1: **for** $r' := r \to 0$ **do**
2: 　　**if** $r' \equiv 0$ 或 $F_{\mathrm{PC}}(p,l,r'-1)$ 对于某些 $i \in \boldsymbol{i}$ 可满足 **then**
3: 　　　　break;
4: 　　**end if**
5: **end for**
6: **return** r';

如此,从算法 5.1 中获得了一个压缩后的 r,它能使 $\boldsymbol{i}_{p+l}$ 被 $<\boldsymbol{o}_p,\cdots,\boldsymbol{o}_{p+l+r}>$ 唯一决定。

进一步要求:

(1)如图 5.4 所示,l 可以被压缩为 0,这意味着 $\boldsymbol{i}_p$ 能够被 $<\boldsymbol{o}_p,\cdots,\boldsymbol{o}_{p+r}>$ 唯一决定,也就是所有的未来输出向量。

(2)上述序列 $<\boldsymbol{o}_p,\cdots,\boldsymbol{o}_{p+r}>$ 可以被进一步压缩为 $\boldsymbol{o}_{p+r}$,这意味着 $\boldsymbol{o}_{p+r}$是在恢复 $\boldsymbol{i}_p$ 时唯一被需要的输出向量。

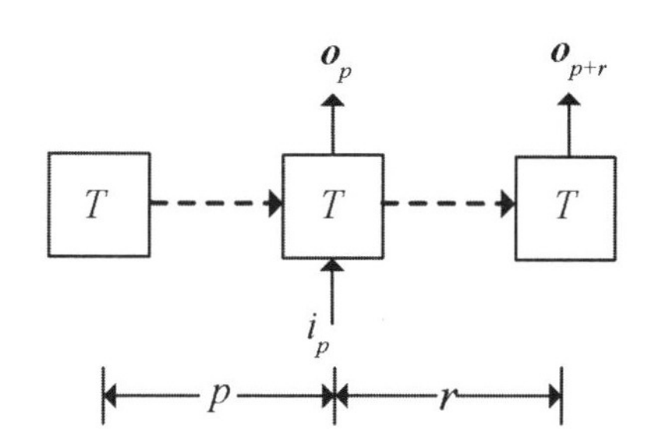

图 5.4　从压缩的输出序列中恢复输入

检查上述两个要求等价于以下公式的不可满足：

$$F'_{\mathrm{PC}}(p,r):=\left\{\begin{array}{ll} & \bigwedge_{m=0}^{p+r}\{(\boldsymbol{s}_{m+1},\boldsymbol{o}_m)\equiv T(\boldsymbol{s}_m,\boldsymbol{i}_m)\} \\ \wedge & \bigwedge_{m=0}^{p+r}\{(\boldsymbol{s}'_{m+1},\boldsymbol{o}'_m)\equiv T(\boldsymbol{s}'_m,\boldsymbol{i}'_m)\} \\ \wedge & \boldsymbol{o}_{p+r}\equiv\boldsymbol{o}'_{p+r} \\ \wedge & i_p\equiv 1\wedge i'_p\equiv 0 \\ \wedge & \bigwedge_{m=0}^{p+r}\mathrm{assertion}(\boldsymbol{i}_m) \\ \wedge & \bigwedge_{m=0}^{p+r}\mathrm{assertion}(\boldsymbol{i}'_m) \end{array}\right\} \tag{5.4}$$

式(5.4)看起来似乎远强于式(1.2)，但本章将在实验结果中指出，该等式总是不可满足的。

5.2.4　推导流水线

基于上述的 p 和 r，将式(5.4)中的 F'_{PC} 推广到式(5.5)，以便能够检查任意变量 v 在第 j 步是否能够被任意向量 $\boldsymbol{w}$ 在第 k 步唯一决定。式中，v 和 $\boldsymbol{w}$ 可以是输入、输出和状态变量或向量。

$$F''_{\mathrm{PC}}(p,r,v,j,\boldsymbol{w},k):=\left\{\begin{array}{cc} & \bigwedge_{m=0}^{p+r}\{(\boldsymbol{s}_{m+1},\boldsymbol{o}_m)\equiv T(\boldsymbol{s}_m,\boldsymbol{i}_m)\} \\ \wedge & \bigwedge_{m=0}^{p+r}\{(\boldsymbol{s}'_{m+1},\boldsymbol{o}'_m)\equiv T(\boldsymbol{s}'_m,\boldsymbol{i}'_m)\} \\ \wedge & \boldsymbol{w}_k\equiv\boldsymbol{w}'_k \\ \wedge & v_j\equiv 1\wedge v'_j\equiv 0 \\ \wedge & \bigwedge_{m=0}^{p+r}\mathrm{assertion}(\boldsymbol{i}_m) \\ \wedge & \bigwedge_{m=0}^{p+r}\mathrm{assertion}(\boldsymbol{i}'_m) \end{array}\right\} \tag{5.5}$$

很显然，当 $F''_{\mathrm{PC}}(p,\ r,\ v,\ j,\ \boldsymbol{w}\ ,\ k)$不可满足时，$\boldsymbol{w}_k$能够唯一决定 v_j。

5.2.4.1 推导最后一级流水线 $\boldsymbol{G}^{n-1}$

根据图 5.2，最后一级流水线 $\boldsymbol{G}^{n-1}$通过组合逻辑 C^n 计算输出 $\boldsymbol{o}$。因此，在如图 5.4 所示的迁移关系展开序列中，$\boldsymbol{G}^{n-1}$应当和 $\boldsymbol{o}$ 处在同一步，即第 $p+r$ 步。由此可知，$\boldsymbol{G}^{n-1}$就是所有在第 $p+r$ 步能够被 $\boldsymbol{o}$ 在同一个第 $p+r$ 步唯一决定的 $s\in\boldsymbol{s}$。其形式化定义为：

$$\boldsymbol{G}^{n-1}:=\{s\in\boldsymbol{s}\mid F''_{\mathrm{PC}}(p,\ r,\ s,\ p+r,\ \boldsymbol{o},\ p+r)\text{不可满足}\} \tag{5.6}$$

5.2.4.2 推导非最后一级流水线 $\boldsymbol{G}^j$

根据图 5.3 以及上一小节的讨论，本节将对任意的 $0\leqslant j\leqslant n-2$ 推导第 j 级流水线 $\boldsymbol{G}^j$。

首先，如图 5.5 所示。对于倒数第二级流水线 $\boldsymbol{G}^{n-2}$和倒数第一级流水线 $\boldsymbol{G}^{n-1}$，从编码的角度来看，在展开的迁移函数序列中，$\boldsymbol{G}^{n-2}$能够唯一决定下一步的 $\boldsymbol{G}^{n-1}$。反过来，从解码的角度看，$\boldsymbol{G}^{n-1}$能够唯一决定上一步的 $\boldsymbol{G}^{n-2}$。因此，结合 5.2.4.1 节中的结论，即 $\boldsymbol{G}^{n-1}$能够在第$p+r$步被 $\boldsymbol{o}$ 在同一个第 $p+r$ 步唯一决定，很明显，如果将 $\boldsymbol{G}^{n-1}$放在迁移函数展开序列的第 $p+r$ 步，那么 $\boldsymbol{G}^{n-2}$应该被放在上一步，即第 $p+r-1$ 步。因此，$\boldsymbol{G}^{n-2}$能够在第 $p+r-1$ 步被 $\boldsymbol{G}^{n-1}$在第 $p+r$ 步唯一决定。

5.2.4.3 推导唯一决定输入的流水线级

根据图 5.2,定义于式(5.7)的 $\boldsymbol{G}^0$ 是唯一决定 $\boldsymbol{i}$ 的流水线级。

然而在实际的编码器中并不一定是这种情形。因此,需要从 0 到 $n-1$ 搜索最小的 j 使得 $\boldsymbol{i}$ 能够被 $\boldsymbol{G}^j$ 唯一决定,即能够使 $F''_{\mathrm{PC}}(p,r,i,p,\boldsymbol{G}^j,j-D)$ 对所有 $i\in\boldsymbol{i}$ 不可满足的最小的 j。其中 D 的定义与式(5.9)相同。

5.3 特征化输入向量和流水线级的布尔函数

5.3.1 特征化最后一个流水线级的布尔函数

根据式(5.6),每个状态变量 $s\in\boldsymbol{G}^{n-1}$ 都能够被 $\boldsymbol{o}$ 在第 $p+r$ 步唯一决定,即 $F''_{\mathrm{PC}}(p,r,s,p+r,\boldsymbol{o},p+r)$ 不可满足。可以将该公式划分为:

$$\varphi_A := \left\{\begin{array}{ll} & \bigwedge_{m=0}^{p+r}\{(\boldsymbol{s}_{m+1},\boldsymbol{o}_m)\equiv T(\boldsymbol{s}_m,\boldsymbol{i}_m)\} \\ \wedge & s_{p+r}\equiv 1 \\ \wedge & \bigwedge_{m=0}^{p+r}\mathrm{assertion}(\boldsymbol{i}_m) \end{array}\right\} \tag{5.10}$$

$$\varphi_B := \left\{\begin{array}{ll} & \bigwedge_{m=0}^{p+r}\{(\boldsymbol{s}_{m+1},\boldsymbol{o}'_m)\equiv T(\boldsymbol{s}'_m,\boldsymbol{i}'_m)\} \\ \wedge & \boldsymbol{o}_{p+r}\equiv\boldsymbol{o}'_{p+r} \\ \wedge & s'_{p+r}\equiv 0 \\ \wedge & \bigwedge_{m=0}^{p+r}\mathrm{assertion}(\boldsymbol{i}'_m) \end{array}\right\} \tag{5.11}$$

由于 $F''_{\mathrm{PC}}(p,\ r,\ s,\ p+r,\ \boldsymbol{o},\ p+r)$ 等价于 $\varphi_A\wedge\varphi_B$,因此 $\varphi_A\wedge\varphi_B$ 也不可满足,而且 ϕ_A 和 ϕ_B 的共同变量集合是 $\boldsymbol{o}_{p+r}$。

φ_A 相对于 φ_B 的 Craig 插值 φ_I 可以使用 McMillian 算法[23]构造出来,其中仅引用 φ_A 和 φ_B 的共同变量集合 $\boldsymbol{o}_{p+r}$,并覆盖所有使 $s_{p+r}\equiv 1$ 成立的

$\boldsymbol{o}_{p+r}$的赋值。同时,$\varphi_I \wedge \varphi_B$ 不可满足,这意味着 φ_I 不能使 $s_{p+r} \equiv 0$。

因此,φ_I 可以作为解码器的布尔函数以从 $\boldsymbol{o}$ 中恢复 $s \in \boldsymbol{G}^{n-1}$。

5.3.2　特征化其他流水线级的布尔函数

类似于上一小节,为了特征化非最后一级流水线 $\boldsymbol{G}^j$ 的布尔函数,可以将式(5.7)中的不可满足公式 $F''_{\mathrm{PC}}(p, r, s, j-D, \boldsymbol{G}^{j+1}, j-D+1)$划分如下:

$$\varphi_A := \left\{ \begin{array}{ll} & \bigwedge_{m=0}^{p+r} \{ (\boldsymbol{s}_{m+1}, \boldsymbol{o}_m) \equiv T(\boldsymbol{s}_m, \boldsymbol{i}_m) \} \\ \wedge & s_{j-D} \equiv 1 \\ \wedge & \bigwedge_{m=0}^{p+r} \mathrm{assertion}(\boldsymbol{i}_m) \end{array} \right\} \tag{5.12}$$

$$\varphi_B := \left\{ \begin{array}{ll} & \bigwedge_{m=0}^{p+r} \{ (\boldsymbol{s}'_{m+1}, \boldsymbol{o}'_m) \equiv T(\boldsymbol{s}'_m, \boldsymbol{i}'_m) \} \\ \wedge & \boldsymbol{G}_{j-D+1}^{j+1} \equiv \boldsymbol{G}'^{j+1}_{j-D+1} \\ \wedge & s'_{j-D} \equiv 0 \\ \wedge & \bigwedge_{m=0}^{p+r} \mathrm{assertion}(\boldsymbol{i}'_m) \end{array} \right\} \tag{5.13}$$

φ_A 相对于 φ_B 的 Craig 插值 φ_I 可以使用 McMillian 算法[23]构造出来,并作为从 $\boldsymbol{G}^{j+1}$恢复 $s \in \boldsymbol{G}^j$ 的布尔函数。

5.3.3　特征化输入变量的布尔函数

根据 5.2 节,找到使 $F''_{\mathrm{PC}}(p, r, i, p, \boldsymbol{G}^j, j-D)$对所有$i \in \boldsymbol{i}$都不满足的$j$,其中 D 的定义与式(5.9)相同。$F''_{\mathrm{PC}}(p, r, i, p, \boldsymbol{G}^j, j-D)$不可满足并可划分为:

$$\varphi_A := \left\{ \begin{array}{ll} & \bigwedge_{m=0}^{p+r} \{ (\boldsymbol{s}_{m+1}, \boldsymbol{o}_m) \equiv T(\boldsymbol{s}_m, \boldsymbol{i}_m) \} \\ \wedge & i_p \equiv 1 \\ \wedge & \bigwedge_{m=0}^{p+r} \mathrm{assertion}(\boldsymbol{i}_m) \end{array} \right\} \tag{5.14}$$

$$\varphi_B := \left\{ \begin{array}{lc} & \bigwedge_{m=0}^{p+r} \{ (\boldsymbol{s}'_{m+1}, \boldsymbol{o}'_m) \equiv T(\boldsymbol{s}'_m, \boldsymbol{i}'_m) \} \\ \wedge & \boldsymbol{G}^j_{j-D} \equiv \boldsymbol{G}'^j_{j-D} \\ \wedge & i'_p \equiv 0 \\ \wedge & \bigwedge_{m=0}^{p+r} \text{assertion}(\boldsymbol{i}'_m) \end{array} \right\} \tag{5.15}$$

和上一小节类似,φ_A 相对于 φ_B 的 Craig 插值 φ_I 可以作为从 $\boldsymbol{G}^j$ 中恢复 $i \in \boldsymbol{i}$ 的布尔函数。

5.4 实验结果

本节在 OCaml 语言[62]中实现了上述算法,并使用 MiniSat 1.14[34]求解了相应的公式。实验过程使用了1台包含16个 Intel Xeon E5648 2.67 GHz 处理器、192 GB 存储器和 CentOS 5.4 Linux 操作系统的服务器。

表5.1给出了本实验使用的测试集。第2列和第3列分别给出了每个测试电路的输入、输出和状态变量数量,第4列是将这些编码器映射至 LSI10K 库的面积。在此,所有的面积和延时都是在相同的设定下得到的。

表5.1中的第6列至第8列分别给出了 Shen 等[4]算法在产生无流水线的解码器时的运行时间、延迟和面积,第9列至第11列分别给出了本章算法的运行时间、延迟和面积,最后一列给出了每一级流水线包含的状态变量个数。

表 5.1　基准及实验结果

电路名称	编码器				由文献[4]产生的解码器			本章实验产生的解码器			
	#in/out	# reg	面积	编码器描述	运行时间	延迟(ns)	面积	运行时间	延迟(ns)	面积	状态变量个数
PCIE	10/11	23	326	PCIE 2.0[29]	0.37	7.20	624	3.57	5.89	652	9/12
XGXS	10/10	16	453	以太网 clause 48[27]	0.21	7.02	540	1.57	5.93	829	13
T2Eth	14/14	49	2252	以太网 clause 36[27]	12.7	6.54	434	47.2	6.12	877	8/8/10/20
SCRAMBLER	64/64	58	1034	inserting 01 flipping	没有找到流水线级						
XFI	72/66	72	7772	以太网 clause 49[27]							

比较第 7 列和第 10 列可以看到解码器的延迟得到了较大的改善，而从最后一列可以看出确实存在很深的流水线，其中 T2Ether 包含 4 级流水线。

值得注意的是，两个最大的测试电路 SCRAMBLER 和 XFI 没有检测到流水线。它们的面积如此之大是因为使用了 64 ~ 72 位宽的数据路径。

5.5　本章小结

本章提出了第一个能够处理流水线的对偶综合算法。实验结果表明，该算法能够针对多个复杂的实际工业界编码器正确地推导流水线结构，并生成对应的流水线解码器。

第 6 章　面向流控制和流水线的对偶综合

6.1　引言

在通信和多媒体芯片设计项目中，最困难的工作之一是为不同的协议设计编码器和解码器。其中，编码器负责将输入向量 $\boldsymbol{i}$ 映射到输出向量 $\boldsymbol{o}$，解码器负责从 $\boldsymbol{o}$ 中恢复 $\boldsymbol{i}$。对偶综合[1-9]假设 $\boldsymbol{i}$ 总能够被 $\boldsymbol{o}$ 唯一决定，并自动产生相应的解码器。

然而，许多编码器中采用的流控制[10]不能满足该要求。如图 6.1(a)所示，当接收器无法跟上发送器时，该机制通过发送空闲字符 I 以防止快速发送器充爆慢速接收器。如图 6.1(b)所示，空闲字符 I 只能唯一决定 $\boldsymbol{i}$ 的一部分而非全部，称这一部分为流控向量 $\boldsymbol{f}$；而正常的编码结果 D_i 能唯一决定所有输入包括流控向量 $\boldsymbol{f}$ 和数据向量 $\boldsymbol{d}$。

另一方面，如图 6.2 所示，许多编码器包含流水线级 $\boldsymbol{G}^j$ 将关键的数据路径划分为多个子段 C^j，以提高运行频率。类似于 $\boldsymbol{i}$，每个流水线级 $\boldsymbol{G}^j$ 也可以划分为流控向量 $\boldsymbol{f}^j$ 和数据向量 $\boldsymbol{d}^j$。

Qin 等[26]首次提出了能够处理流控制的对偶综合算法。该算法首先找到所有能够被 $\boldsymbol{o}$ 唯一决定的 $i \in \boldsymbol{f}$，然后推导一个能使 $\boldsymbol{d}$ 被 $\boldsymbol{o}$ 唯一决定的谓词 valid($\boldsymbol{f}$)。

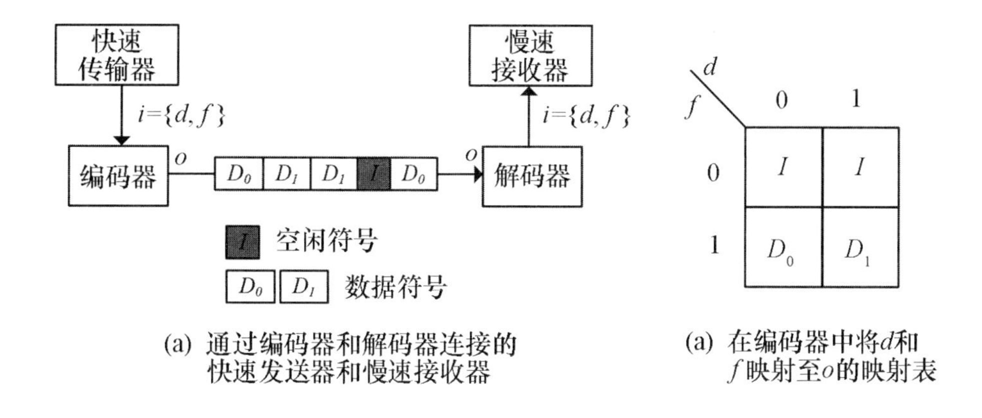

(a) 通过编码器和解码器连接的快速发送器和慢速接收器

(a) 在编码器中将d和f映射至o的映射表

图6.1　带有流控制的编码器

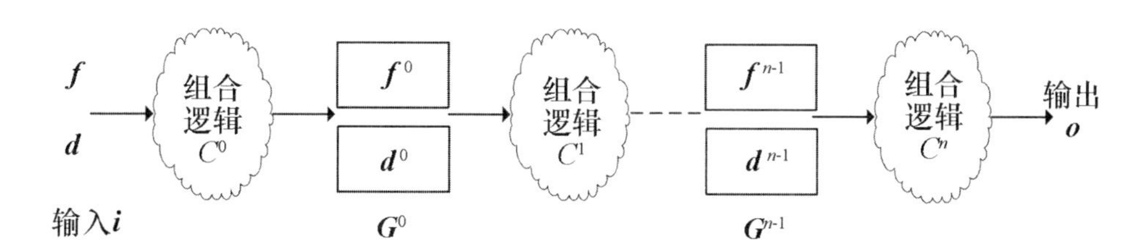

图6.2　带有流水线和流控机制的编码器

然而Qin等[26]的算法在处理流控制的同时,无法处理流水线结构。这导致其产生的解码器不包含流水线,进而使其运行频率远低于相应的编码器。为了解决该问题,本章提出了一个全新的算法,为此类同时包含流控制和流水线的编码器产生同样带有流控制和流水线的解码器。该算法首先使用Qin等[26]的算法来寻找流控向量$\boldsymbol{f}$并推导流控谓词valid($\boldsymbol{f}$);然后分别通过强制和不强制valid($\boldsymbol{f}$),从所有状态变量集合中找到每一个流水线级$\boldsymbol{G}^j$的数据向量$\boldsymbol{d}^j$和流控向量$\boldsymbol{f}^j$;最后通过Jiang等[23]的算法特征化$\boldsymbol{G}^j$和$\boldsymbol{i}$的布尔函数。

为了展示该算法的有效性,在多个复杂的工业界实际编码器(如PCI Express[29]和以太网[27])上进行了实验。实验结果表明,该算法能够为多个工业界的真实编码器正确地产生带有流控制和流水线的解码器，且其时序性能相对于传统的对偶综合算法产生的非流水解码器有巨大的提升。

6.2 算法框架

6.2.1 编码器的一般性模型

如图 6.2 所示，假设编码器包含 n 个流水线级 $\boldsymbol{G}^j$，其中 $0 \leqslant j \leqslant n-1$。和第 5 章的图 5.2 不同的是，每一个流水线级 $\boldsymbol{G}^j$ 能够被进一步划分为流控向量 $\boldsymbol{f}^j$ 和数据向量 $\boldsymbol{d}^j$。而输入向量 $\boldsymbol{i}$ 与文献[26]的一样，也能划分为流控向量 $\boldsymbol{f}$ 和数据向量 $\boldsymbol{d}$。如果将组合逻辑块 C^j 视为一个函数，则该编码器可以使用下列等式定义：

$$\begin{aligned} &\boldsymbol{G}^0 := C^0(\boldsymbol{i}) \\ &\boldsymbol{G}^j := C^j(\boldsymbol{G}^{j-1}) \quad 1 \leqslant j \leqslant n-1 \\ &\boldsymbol{o} := C^n(\boldsymbol{G}^{n-1}) \end{aligned} \tag{6.1}$$

在本章中，上标始终意味着流水线级，而下标如 1.1.3 节所示，始终意味着在展开的迁移关系序列中的步。例如，$\boldsymbol{G}^j$ 是第 j 个流水线级，而 $\boldsymbol{G}_k^j$ 是该第 j 个流水线级在第 k 步的取值。

6.2.2 算法框架

基于如图 6.2 所示的编码器结构，本章算法的框架为：

(1) 调用算法 4.1 以将 $\boldsymbol{i}$ 划分为 $\boldsymbol{f}$ 和 $\boldsymbol{d}$。

(2) 调用算法 4.3 以推导能够使 $\boldsymbol{d}$ 被唯一决定的 valid($\boldsymbol{f}$) 及其对应的 p、l 和 r。

(3)在6.3节中,找到每一个流水线级 $\boldsymbol{G}^j$ 中的 $\boldsymbol{f}^j$ 和 $\boldsymbol{d}^j$。

(4)在6.4节中,特征化每一个流水线级 $\boldsymbol{G}^j$ 和输入 $\boldsymbol{i}$ 的布尔函数(即图6.2中每一个组合逻辑函数 C^j 的反 $(C^j)^{-1}$),以构造最终的解码器。

6.3　推导流水线结构

6.3.1　压缩 r 和 l

由于算法4.3同时增加 p、l 和 r,因此 l 和 r 存在一定程度的冗余。因此,首先需要在算法6.1中压缩 r。

算法6.1　压缩 r

1: **for** $r' := r \to 0$ **do**
2: 　**if** $r' \equiv 0$ 或 $F_{PC}(p,l,r'-1) \wedge \text{valid}(\boldsymbol{f}_{p+l}) \wedge \text{valid}(\boldsymbol{f}'_{p+l})$ 对于某些 $i \in \boldsymbol{i}$ 可满足 **then**
3: 　　break
4: 　**end if**
5: **end for**
6: **return** r'

在行1,将推导的谓词 valid($\boldsymbol{f}$)和 $F_{PC}(p,l,r'-1)$ 与在一起。当该公式可满足时,r' 是最后一个使 $F_{PC}(p,l,r') \wedge \text{valid}(\boldsymbol{f}_{p+l}) \wedge \text{valid}(\boldsymbol{f}'_{p+l})$ 不可满足的值,将其直接返回。另一方面,当 $r' \equiv 0$ 时,$F_{PC}(p,l,0)$ 肯定已经在上一个迭代中被测试,且结果为不可满足,此时,直接返回0。

这样就从算法6.1得到了一个压缩的 r,使 $\boldsymbol{i}_{p+l}$ 可以被 $<\boldsymbol{o}_p,\cdots,\boldsymbol{o}_{p+l+r}>$ 唯一决定。

进一步要求：

(1)如图6.3所示，l 可以被削减为0。这意味着 $\boldsymbol{i}_p$ 可以被 $<\boldsymbol{o}_p\cdots,\boldsymbol{o}_{p+r}>$ 唯一决定，即所有的未来输出。

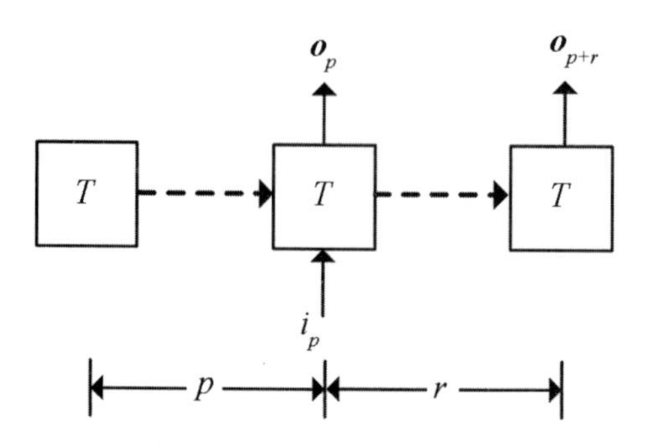

图6.3　使用削减的输出序列恢复输入

(2)上述输出序列 $<\boldsymbol{o}_p,\cdots,\boldsymbol{o}_{p+r}>$ 能被进一步压缩为 $\boldsymbol{o}_{p+r}$。这意味着只需 $\boldsymbol{o}_{p+r}$ 即可唯一决定 $\boldsymbol{i}_p$。

检验这两个要求等价于检查 $F'_{\mathrm{PC}}(p,r)\wedge \mathrm{valid}(\boldsymbol{f}_p)\wedge \mathrm{valid}(\boldsymbol{f}'_p)$ 的不可满足性，其中 $F'_{\mathrm{PC}}(p,r)$ 定义如下：

$$F'_{\mathrm{PC}}(p,r):=\left\{\begin{array}{lc} & \bigwedge_{m=0}^{p+r}\{(\boldsymbol{s}_{m+1},\boldsymbol{o}_m)\equiv T(\boldsymbol{s}_m,\boldsymbol{i}_m)\} \\ \wedge & \bigwedge_{m=0}^{p+r}\{(\boldsymbol{s}'_{m+1},\boldsymbol{o}'_m)\equiv T(\boldsymbol{s}'_m,\boldsymbol{i}'_m)\} \\ \wedge & \boldsymbol{o}_{p+r}\equiv\boldsymbol{o}'_{p+r} \\ \wedge & i_p\equiv 1\wedge i'_p\equiv 0 \\ \wedge & \bigwedge_{m=0}^{p+r}\mathrm{assertion}(\boldsymbol{i}_m) \\ \wedge & \bigwedge_{m=0}^{p+r}\mathrm{assertion}(\boldsymbol{i}'_m) \end{array}\right\} \tag{6.2}$$

该要求看起来远远强于式(1.2)。后文将在6.5节实验结果中指出它们总是不可满足的。

6.3.2　寻找流控向量 $\boldsymbol{f}^j$ 和数据向量 $\boldsymbol{d}^j$

基于上述推导的 p 和 r，将式(6.2)中的 F'_{PC} 推广到更广泛的形式，即式(6.3)。它能够检查任意变量 v 在第 j 步能否被向量 $\boldsymbol{w}$ 在第 k 步唯一决定。现在 v 和 $\boldsymbol{w}$ 可以是输入、输出或者状态向量。

$$F''_{\mathrm{PC}}(p,r,v,j,\boldsymbol{w},k) := \left\{ \begin{array}{lc} & \bigwedge_{m=0}^{p+r}\{(\boldsymbol{s}_{m+1},\boldsymbol{o}_m)\equiv T(\boldsymbol{s}_m,\boldsymbol{i}_m)\} \\ \wedge & \bigwedge_{m=0}^{p+r}\{(\boldsymbol{s}'_{m+1},\boldsymbol{o}'_m)\equiv T(\boldsymbol{s}'_m,\boldsymbol{i}'_m)\} \\ \wedge & \boldsymbol{w}_k\equiv\boldsymbol{w}'_k \\ \wedge & v_j\equiv 1 \wedge v'_j\equiv 0 \\ \wedge & \bigwedge_{m=0}^{p+r}\mathrm{assertion}(\boldsymbol{i}_m) \\ \wedge & \bigwedge_{m=0}^{p+r}\mathrm{assertion}(\boldsymbol{i}'_m) \end{array} \right\} \tag{6.3}$$

很明显，当 $F''_{\mathrm{PC}}(p,\ r,\ v,\ j,\ \boldsymbol{w}\ ,\ k)\wedge\mathrm{valid}(\boldsymbol{f}_p)\wedge\mathrm{valid}(f'_p)$ 不可满足时，$\boldsymbol{w}_k$ 能唯一决定 v_j。

对于 $0\leqslant j\leqslant n-1$，在第 j 个流水线级 $\boldsymbol{G}^j$，其流控向量 $\boldsymbol{f}^j$ 包含所有能够在第 $j-((n-1)-(p+r))$ 步被 $\boldsymbol{o}$ 在第 $p+r$ 步唯一决定的状态变量 $s\in\boldsymbol{s}$。注意：这里不需要约束 $\mathrm{valid}(\boldsymbol{f}_p)$。这可以形式化地定义为：

$$\boldsymbol{f}^j := \{s\in\boldsymbol{s}\mid F''_{\mathrm{PC}}(p,\ r,\ s,\ j-D,\ \boldsymbol{o},\ p+r)\text{不可满足}\} \tag{6.4}$$

式中：

$$D:=(n-1)-(p+r) \tag{6.5}$$

而在第 j 个流水线级 $\boldsymbol{G}^j$ 中的数据向量 $\boldsymbol{d}^j$ 包含能够在第 $j-((n-1)-(p+r))$ 步被 $\boldsymbol{o}$ 在第 $p+r$ 步唯一决定的所有 $s\in\boldsymbol{s}$。注意：这里需要强制 $\mathrm{valid}(\boldsymbol{f}_p)$。这可以形式化地定义为：

$$\boldsymbol{d}^j := \{s\in\boldsymbol{s}\mid F''_{\mathrm{PC}}(p,\ r,\ s,\ j-D,\ \boldsymbol{o},\ p+r)\wedge\mathrm{valid}(\boldsymbol{f}_p)\wedge\mathrm{valid}(\boldsymbol{f}'_p)\text{不可满足}\} \tag{6.6}$$

6.3.3 推导每一级流水线上的控制流谓词 valid($\boldsymbol{f}^j$)

本节旨在为每一个流水线级 $\boldsymbol{G}^j$ 上的流控向量 $\boldsymbol{f}^j$ 推导一个使 $\boldsymbol{d}^j$ 能够被唯一决定的谓词 valid($\boldsymbol{f}^j$)。

在这里 valid($\boldsymbol{f}^j$)的作用类似于输入向量 $\boldsymbol{i}$ 上的 valid($\boldsymbol{f}$)。其中,后者用于表示输入的数据向量 $\boldsymbol{d}$ 的有效性。因此,valid($\boldsymbol{f}^j$)被用于表示流水线级 $\boldsymbol{G}^j$ 上的数据向量 $\boldsymbol{d}^j$ 的有效性。

在4.3.3 节中,给出了一个迭代的复杂算法4.3 以推导 valid($\boldsymbol{f}$)。而在这里,并不需要一个类似的迭代算法,因为该算法所需要的 p、l 和 r 已经通过算法 4.3 推导得到了。

因此,可以简单的使用如下算法:

首先,构造公式:

$$F_{\mathrm{PC}}^{f}(p,l,r):=\left\{\begin{array}{ll} & \bigwedge_{m=0}^{p+r}\{(\boldsymbol{s}_{m+1},\boldsymbol{o}_m)\equiv T(\boldsymbol{s}_m,\boldsymbol{i}_m)\} \\ \wedge & \bigwedge_{m=0}^{p+r}\{(\boldsymbol{s}'_{m+1},\boldsymbol{o}'_m)\equiv T(\boldsymbol{s}'_m,\boldsymbol{i}'_m)\} \\ \wedge & \boldsymbol{o}_{p+r}\equiv\boldsymbol{o}'_{p+r} \\ \wedge & \boldsymbol{f}^j_{j-D}\equiv\boldsymbol{f}'^j_{j-D} \\ \wedge & \boldsymbol{d}^j_{j-D}\neq\boldsymbol{d}'^j_{j-D} \\ \wedge & \bigwedge_{m=0}^{p+r}\mathrm{assertion}(\boldsymbol{i}_m) \\ \wedge & \bigwedge_{m=0}^{p+r}\mathrm{assertion}(\boldsymbol{i}'_m) \end{array}\right\} \tag{6.7}$$

式(6.7)的前两行分别是两个展开的迁移函数序列组成的路径。第3 行约束它们的输出在 $p+r$ 步相等。第4 行约束它们在第 j 级流水线的流控向量 $\boldsymbol{f}^j$ 在第 $j-D$ 步相等。这里的 D 定义如式(6.5)所示。第5 行约束它们在第 j 级流水线的数据向量 $\boldsymbol{d}^j$ 在第 $j-D$ 步不等。

如果上述 $F_{\mathrm{PC}}^{f}(p,l,r)$是可满足的,那么 $\boldsymbol{d}^j_{j-D}$无法被 $\boldsymbol{o}_{p+r}$唯一决定。通过收集式(6.7)的第3 行,可得到:

$$T_{\mathrm{PC}}(p,l,r):=\{\boldsymbol{o}_{p+r}\equiv\boldsymbol{o}'_{p+r}\} \tag{6.8}$$

通过将 $T_{\mathrm{PC}}(p,l,r)$ 代入 $F^{f}_{\mathrm{PC}}(p,\ l,\ r)$，可得到一个新的公式：

$$F'^{f}_{\mathrm{PC}}(p,l,r) := \left\{\begin{array}{ll} & \bigwedge_{m=0}^{p+r}\{(\boldsymbol{s}_{m+1},\boldsymbol{o}_m)\equiv T(\boldsymbol{s}_m,\boldsymbol{i}_m)\} \\ \wedge & \bigwedge_{m=0}^{p+r}\{(\boldsymbol{s}'_{m+1},\boldsymbol{o}'_m)\equiv T(\boldsymbol{s}'_m,\boldsymbol{i}'_m)\} \\ \wedge & t\equiv T_{\mathrm{PC}}(p,l,r) \\ \wedge & \boldsymbol{f}^{j}_{j-D}\equiv\boldsymbol{f}'^{j}_{j-D} \\ \wedge & \boldsymbol{d}^{j}_{j-D}\neq\boldsymbol{d}'^{j}_{j-D} \\ \wedge & \bigwedge_{m=0}^{p+r}\mathrm{assertion}(\boldsymbol{i}_m) \\ \wedge & \bigwedge_{m=0}^{p+r}\mathrm{assertion}(\boldsymbol{i}'_m) \end{array}\right\} \tag{6.9}$$

很明显，$F^{f}_{\mathrm{PC}}(p,l,r)$ 和 $F'^{f}_{\mathrm{PC}}(p,l,r,1)$ 是等价的。进一步定义：

$$\boldsymbol{a} :=\boldsymbol{f}^{j}_{j-D} \tag{6.10}$$

$$\boldsymbol{b} :=\boldsymbol{d}^{j}_{j-D}\cup\ d'^{j}_{j-D}\bigcup_{j-D\leqslant x\leqslant p+r}(\boldsymbol{i}_x\cup\ \boldsymbol{i}'_x) \tag{6.11}$$

则 $a\cup b$ 包含了两个迁移函数展开序列上从第 $j-D$ 步开始的所有输入向量 $<\boldsymbol{i}_{j-D},\cdots,\boldsymbol{i}_{p+r}>$ 和 $<\boldsymbol{i}''_{j-D},\cdots,\ \boldsymbol{i}''_{p+r}>$，它同时也包含了两个展开序列在第 $j-D$ 步的状态 $\boldsymbol{d}^{j}_{j-D}$ 和 $\boldsymbol{d}'^{j}_{j-D}$。进一步分析，式(6.9)前两行的迁移关系 T 能够从输入序列和初始状态唯一地计算出输出序列。因此，$\boldsymbol{a}$ 和 $\boldsymbol{b}$ 能够唯一决定 $F'^{f}_{\mathrm{PC}}(p,l,r,t)$ 中 t 的取值。故对于特定 p、l 和 r，以 $\boldsymbol{f}^{j}_{j-D}$ 为输入并使 $F'^{f}_{\mathrm{PC}}(p,l,r,1)$ 可满足的函数可以通过以 $F'^{d}_{PC}(p,\ l,\ r,\ t)$、$\boldsymbol{a}$ 和 $\boldsymbol{b}$ 为参数调用算法 3.1 得到：

$$F^{\mathrm{SAT}\,j}_{\mathrm{PC}}(p,l,r) := \mathrm{CharacterizingFormulaSAT}(F'^{f}_{\mathrm{PC}}(p,l,r,t),\ \boldsymbol{a},\ \boldsymbol{b},t) \tag{6.12}$$

因此，$F^{\mathrm{SAT}j}_{\mathrm{PC}}(p,\ l,\ r)$ 覆盖了使 $F^{f}_{\mathrm{PC}}(p,\ l,\ r)$ 可满足的 $\boldsymbol{f}^{j}_{j-D}$ 赋值集合。由此可知，其反 $\neg\ F^{\mathrm{SAT}\,j}_{\mathrm{PC}}(p,\ l,\ r)$ 是使 $F^{f}_{\mathrm{PC}}(p,\ l,\ r)$ 不可满足的 $\boldsymbol{f}^{j}_{j-D}$ 集合，可得：

$$\mathrm{valid}(\boldsymbol{f}^{j}) := \neg\ F_{\mathrm{PC}}^{\mathrm{SAT}\,j}(p,\ l,\ r) \tag{6.13}$$

6.4 特征化流水线级和输入的布尔函数

6.4.1 特征化最后一个流水线级的布尔函数

从式(6.4)可知,每个状态变量 $s \in \boldsymbol{f}^{n-1}$ 能够被 $\boldsymbol{o}$ 在第 $p+r$ 步唯一决定。也就是,$F''_{\mathrm{PC}}(p,\ r,\ s,\ p+r,\ \boldsymbol{o},\ p+r)$ 不可满足且可以划分为:

$$\varphi_A := \left\{ \begin{array}{ll} & \bigwedge_{m=0}^{p+r} \{(\boldsymbol{s}_{m+1}, \boldsymbol{o}_m) \equiv T(\boldsymbol{s}_m, \boldsymbol{i}_m)\} \\ \wedge & s_{p+r} \equiv 1 \\ \wedge & \bigwedge_{m=0}^{p+r} \mathrm{assertion}(\boldsymbol{i}_m) \end{array} \right\} \tag{6.14}$$

$$\varphi_B := \left\{ \begin{array}{ll} & \bigwedge_{m=0}^{p+r} \{(\boldsymbol{s}'_{m+1}, \boldsymbol{o}'_m) \equiv T(\boldsymbol{s}'_m, \boldsymbol{i}'_m)\} \\ \wedge & \boldsymbol{o}_{p+r} \equiv \boldsymbol{o}'_{p+r} \\ \wedge & s'_{p+r} \equiv 1 \\ \wedge & \bigwedge_{m=0}^{p+r} \mathrm{assertion}(\boldsymbol{i}'_m) \end{array} \right\} \tag{6.15}$$

因为 $F''_{\mathrm{PC}}(p,\ r,\ s,\ p+r,\ \boldsymbol{o},\ p+r)$ 等价于 $\varphi_A \wedge \varphi_B$,所以 $\varphi_A \wedge \varphi_B$ 不可满足且 φ_A 和 φ_B 的共同变量集合是 $\boldsymbol{o}_{p+r}$。

根据文献[23],φ_A 相对于 φ_B 的 Craig 插值 φ_I 可以计算出来,只引用 $\boldsymbol{o}_{p+r}$,并且覆盖所有能使 $s_{p+r} \equiv 1$ 的 $\boldsymbol{o}_{p+r}$。同时,$\varphi_I \wedge \varphi_B$ 不可满足。这意味着 φ_I 并不覆盖任何使 $s_{p+r} \equiv 0$ 的 $\boldsymbol{o}_{p+r}$。

因此,φ_I 可以作为从 $\boldsymbol{o}$ 恢复 $s \in \boldsymbol{f}^{n-1}$ 的布尔函数。

通过将 $F''_{\mathrm{PC}}(p,\ r,\ s,\ p+r,\ \boldsymbol{o},\ p+r)$ 替换为 $F''_{\mathrm{PC}}(p,\ r,\ s,\ p+r,\ \boldsymbol{o},\ p+r) \wedge \mathrm{valid}(\boldsymbol{f}_p) \wedge \mathrm{valid}(\boldsymbol{f}'_p)$,可以类似地特征化恢复 $s \in \boldsymbol{d}^{n-1}$ 的布尔函数。注意:此时 $\mathrm{valid}(\boldsymbol{f}_p)$ 应属于 φ_A,而 $\mathrm{valid}(\boldsymbol{f}'_p)$ 应属于 φ_B。

6.4.2　特征化恢复其他流水线级的布尔函数

根据图 6.2,$\boldsymbol{f}^{j}$在第 $j-D$ 步可以被 $\boldsymbol{G}^{j+1}$在第 $j-D+1$ 步唯一决定。因此,将不可满足公式 $F''_{\mathrm{PC}}(p, r, s, j-D, \boldsymbol{G}^{j+1}, j-D+1)$划分为下列两个公式:

$$\varphi_A := \left\{ \begin{array}{lc} & \bigwedge_{m=0}^{p+r} \{ (\boldsymbol{s}_{m+1}, \boldsymbol{o}_m) \equiv T(\boldsymbol{s}_m, \boldsymbol{i}_m) \} \\ \wedge & s_{j-D} \equiv 1 \\ \wedge & \bigwedge_{m=0}^{p+r} \mathrm{assertion}(\boldsymbol{i}_m) \end{array} \right\} \tag{6.16}$$

$$\varphi_B := \left\{ \begin{array}{lc} & \bigwedge_{m=0}^{p+r} \{ (\boldsymbol{s}'_{m+1}, \boldsymbol{o}'_m) \equiv T(\boldsymbol{s}'_m, \boldsymbol{i}'_m) \} \\ \wedge & \boldsymbol{G}_{j-D+1}^{j+1} \equiv \boldsymbol{G'}_{j-D+1}^{j+1} \\ \wedge & s'_{j-D} \equiv 0 \\ \wedge & \bigwedge_{m=0}^{p+r} \mathrm{assertion}(\boldsymbol{i}'_m) \end{array} \right\} \tag{6.17}$$

同理,φ_A 相对于 φ_B 的 Craig 插值 φ_I 可以被构造出来,并用做从 $\boldsymbol{G}^{j+1}$恢复 $s \in \boldsymbol{f}^{j}$ 的布尔函数。

类似情况下,将 $F''_{\mathrm{PC}}(p, r, s, j-D, \boldsymbol{G}^{j+1}, j-D+1)$替换为 $F''_{\mathrm{PC}}(p, r, s, j-D, \boldsymbol{G}^{j+1}, j-D+1) \wedge \mathrm{valid}(\boldsymbol{f}_p) \wedge \mathrm{valid}(\boldsymbol{f}'_p)$,能够特征化从 $\boldsymbol{G}^{j+1}$恢复 $s \in \boldsymbol{d}^{j}$的布尔函数。注意:此时 $\mathrm{valid}(\boldsymbol{f}_p)$应属于 φ_A,而 $\mathrm{valid}(\boldsymbol{f}'_p)$应属于 φ_B。

6.4.3　特征化从第 0 级流水线恢复输入向量的布尔函数

根据图 6.2,$\boldsymbol{f}$ 在第 p 步能够被 $\boldsymbol{G}^{0}$ 在第 p 步唯一决定。$F''_{\mathrm{PC}}(p, r, i, p, \boldsymbol{G}^{0}, p)$不可满足并可以划分为以下两个公式:

$$\varphi_A := \left\{ \begin{array}{lc} & \bigwedge_{m=0}^{p+r} \{ (\boldsymbol{s}_{m+1}, \boldsymbol{o}_m) \equiv T(\boldsymbol{s}_m, \boldsymbol{i}_m) \} \\ \wedge & i_p \equiv 1 \\ \wedge & \bigwedge_{m=0}^{p+r} \text{assertion}(\boldsymbol{i}_m) \end{array} \right\} \tag{6.18}$$

$$\varphi_B := \left\{ \begin{array}{lc} & \bigwedge_{m=0}^{p+r} \{ (\boldsymbol{s}'_{m+1}, \boldsymbol{o}'_m) \equiv T(\boldsymbol{s}'_m, \boldsymbol{i}'_m) \} \\ \wedge & \boldsymbol{G}_p^0 \equiv \boldsymbol{G}'^0_p \\ \wedge & i'_p \equiv 0 \\ \wedge & \bigwedge_{m=0}^{p+r} \text{assertion}(\boldsymbol{i}'_m) \end{array} \right\} \tag{6.19}$$

同理,φ_A 相对于 φ_B 的 Craig 插值 φ_I 可以被用作从 $\boldsymbol{G}^0$ 恢复 $i \in \boldsymbol{f}$ 的布尔函数。

类似情况下，通过替换 $F''_{\mathrm{PC}}(p, r, i, p, \boldsymbol{G}^0, p)$ 为 $F''_{\mathrm{PC}}(p, r, i, p, \boldsymbol{G}^0, p) \wedge \text{valid}(\boldsymbol{f}_p) \wedge \text{valid}(\boldsymbol{f}'_p)$,可以特征化从 $\boldsymbol{G}^0$ 恢复 $i \in \boldsymbol{d}$ 的布尔函数。注意:此时 $\text{valid}(\boldsymbol{f}_p)$ 应属于 φ_A,而 $\text{valid}(\boldsymbol{f}'_p)$ 应属于 φ_B。

6.5 实验结果

本节使用 OCaml 语言[62]实现了上述算法,并使用 MiniSat 1.14[34]求解产生了 CNF 公式。所有的实验均使用 1 台包含 16 个 Intel Xeon E5648 2.67 GHz 处理器、192 GB 内存和 CentOS 5.4 Linux 操作系统的服务器。

6.5.1 比较时间和面积

表6.1 给出了本章中使用的测试电路。表中第 2 列和第 3 列分别给出输入、输出和状态变量个数;第 4 列给出了将编码器映射至 LSI10K 库所得到的面积。第 6 列到第 8 列分别给出了文献[4]的算法产生非流水解码器的运行时间,以及该解码器的延迟和面积。第 9 列到第 11 列分别

给出了本章算法的类似信息。本章中所有的面积和延迟均使用同样的设置得到。

比较第 7 列和第 10 列,可知延迟得到了明显的改善。

表 6.1　基准和实验结果

电路名称	编码器				文献[4]产生的解码器			本章实验产生的解码器		
	#in/out	# reg	面积	解码器描述	运行时间	延迟(ns)	面积	运行时间	延迟(ns)	面积
PCIE	10/11	23	326	PCIE2.0[29]	0.37	7.20	624	8.08	5.89	652
XGXS	10/10	16	453	以太网 clause 48[27]	0.21	7.02	540	4.25	5.93	829
T2Eth	14/14	49	2252	以太网 clause 36[27]	12.7	6.54	434	430.4	6.12	877
SCRAM-BLER	64/64	58	1034	inserting 01 flipping	没有发现流水线级					
XFI	72/66	72	7772	以太网 clause 49[27]						

值得注意的是,两个最大的测试电路 SCRAMBLER 和 XFI 并不包含流水线。它们的面积如此之大是因为使用了很宽的 64 ~72 位数据路径。

以下将分别给出针对各个测试电路推导出来的流水线结构。

6.5.2　PCIE 推导的流水线结构

对于 PCIE,存在两个流水线级,其中包含的流控向量和数据向量如表 6.2 所示。一个有趣的事实是流水线级 1 的数据向量是空集,而所有的流水线状态变量都被识别成为流控向量。研究源代码后,发现这些流水线状态变量全部都被直接送给输出向量。因此,它很明显都能够被 ***o*** 唯一决定。不过这并不影响所产生的解码器的正确性。

表 6.2　PCIE 推导的流水线结构

	输入	流水线级 0	流水线级 1
流控向量	CNTL_TXEnable_P0	InputDataEnable_P0_reg	OutputData_P0_reg[9:0] OutputElecIdle_P0_reg
流控谓词	CNTL_TXEnable_P0	InputDataEnable_P0_reg	true
数据向量	TXDATA[7:0] TXDATAK	InputData_P0_reg[7:0] InputDataK_P0_reg	

6.5.3　XGXS 推导的流水线结构

对于 XGXS,只有一级流水线,其中的流控向量和数据向量如表 6.3 所示。

表 6.3　XGXS 推导的流水线结构

	输入	流水线级 0
流控向量	bad_code	bad_code_reg_reg
流控谓词	! bad_code	! bad_code_reg_reg
数据向量	encode_data_in[7:0] konstant	ip_data_latch_reg[2:0] plus34_latch_reg data_out_latch_reg[5:0] konstant_latch_reg kx_latch_reg minus34b_latch_reg

6.5.4　t2ether 推导的流水线结构

对于 t2ether，有三级流水线，如表 6.4 所示。流控谓词比较复杂，因此，将它们单独列在下面而不是图 6.4 中。

输入流控谓词 f 为：

(tx_enc_ctrl_sel[2] & tx_enc_ctrl_sel[3]) |
(tx_enc_ctrl_sel[2] & ! tx_enc_ctrl_sel[3] & !
tx_enc_ctrl_sel[0] & tx_enc_ctrl_sel[1]) |
(! tx_enc_ctrl_sel[2] & tx_enc_ctrl_sel[3]) |
(! tx_enc_ctrl_sel[2] & ! tx_enc_ctrl_sel[3] & tx_enc_ctrl_sel[0])
(6.20)

第 0 级流控谓词 valid(f^0)为：

(qout_reg_2_4 & qout_reg_1_4 & ! qout_reg_0_8) |
(! qout_reg_2_4 & qout_reg_0_8)　(6.21)

第 1 级流控谓词 valid(f^1)为：

(qout_reg_2_5 & qout_reg_1_5 & qout_reg_0_10 & ! qout_reg_0_9) |
(qout_reg_2_5 & qout_reg_1_5 & ! qout_reg_0_10) |
(qout_reg_2_5 & ! qout_reg_1_5 & ! qout_reg_0_10) |
(! qout_reg_2_5 & qout_reg_0_10 & qout_reg_0_9) |
(! qout_reg_2_5 & ! qout_reg_0_10)
(6.22)

最后两级的流控谓词 valid(f^2)和 valid(f^3)均为 TRUE。

表 6.4　T2Ether 推导的流水线结构

	输入	流水线级 0	流水线级 1	流水线级 2	流水线级 3
流控向量	tx_enc_ctrl_sel [3:0]	qout_reg_0_8 qout_reg_2_4 qout_reg_1_4	qout_reg_0_9 qout_reg_1_5 qout_reg_2_5 qout_reg_0_10	qout_reg[9:0]_2	qout_reg[7:1]_3 qout_reg_8_1 qout_reg_9_1 qout_reg_3_4 qout_reg_0_4 qout_reg_3_5 qout_reg_0_7 sync1_reg 1 sync1_reg Q_reg1 Q_reg
数据向量	txd[7:0]	qout_reg [7:0]	qout_reg [7:0]_1		

6.6　本章小结

本章提出了第一个能同时处理流控制和流水线的对偶综合算法。实验结果表明,本章算法总能够正确地产生带有流控制和流水线的解码器。

第 7 章　原型系统的实现

本章针对本书中实现的各个算法的原型系统，描述它们的整体结构、各个子系统的功能，以及这些子系统相互之间的关系和流程。

7.1　整体结构

原型系统的结构如图 7.1 所示。其中核心算法是前述的三个算法，包括：

(1)第 4 章的面向流控制的对偶综合算法。

(2)第 5 章的面向流水线的对偶综合算法。

(3)第 6 章的面向流控制和流水线的对偶综合算法。

三个算法虽然内部结构各不相同，但是它们与其他各个子系统的关系是完全一样的，都如图 7.1 所示。

以下各个小节将详细描述各个子系统的功能。

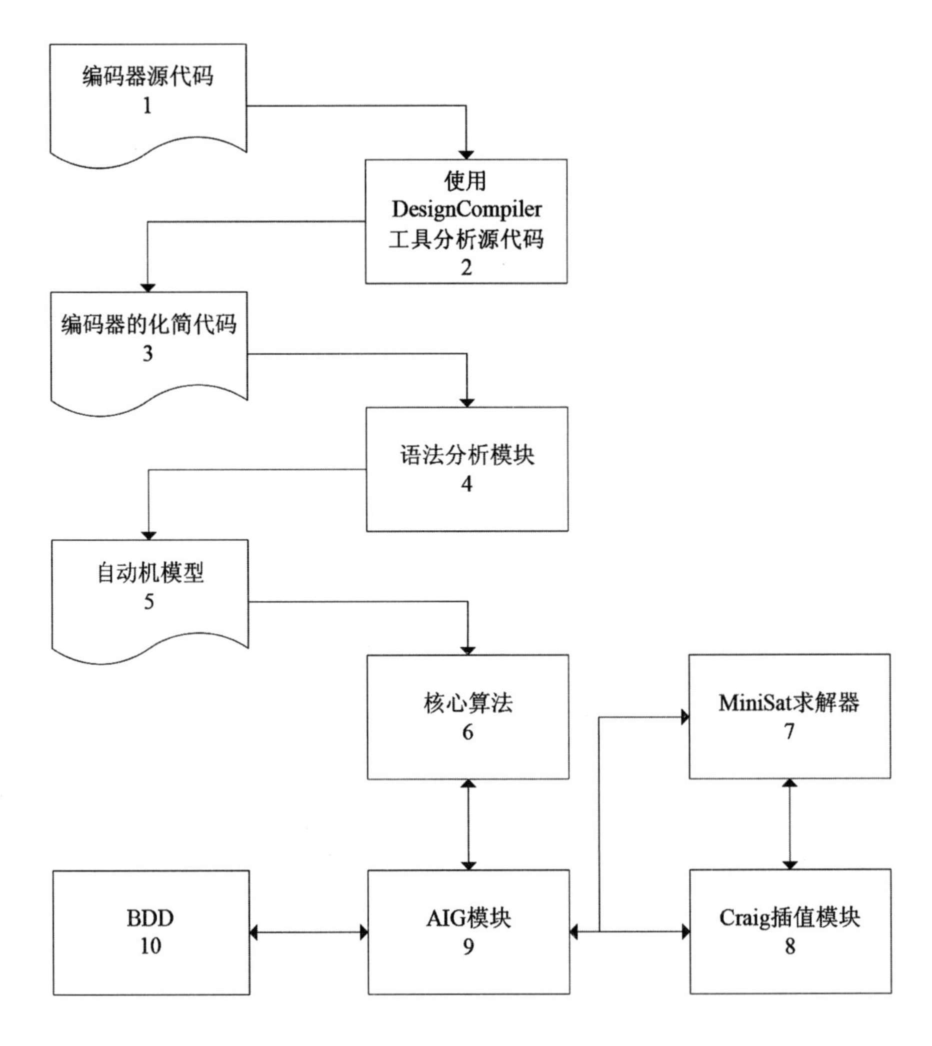

图 7.1　原型系统的结构

7.1.1　使用 DesignCompiler 产生编码器的化简代码

设计编码器的工程师在编写代码时，为了追求更强的表达能力，更紧凑的代码，或者更好的可读性等原因，会使用 Verilog 语言[65]提供的各种复杂语法结构。而开发一个能分析完整的 Verilog 语法结构的语法分析器会导致大量不必要的额外工作。

因此,本章首先选择使用 DesignCompiler 工具[60]中自带的完整语法分析器来分析复杂的源代码。

然后在 DesignCompiler 工具中,将语法分析的结果映射到其自带的 LSI10K 单元库中。为了在保持语义的前提下进一步简化分析结果的语法形式,限制在该映射过程中只能使用与门和非门两种组合逻辑单元。

最后将映射的结果导出为一个相对较大,但是结构非常简单的 Verilog 源代码文件。其中,只包含一种与门、一种非门和一种寄存器。这就极大地简化了后续的语法分析程序的设计。

7.1.2　语法分析模块

本章使用 OCaml 语言自带的词法分析工具 OCamllex 和语法分析工具 OCamlyacc,创建了针对上述简化的编码器代码的词法和语法分析程序。词法分析程序的代码(附录 1)可从 https://github.com/shengyushen/compsyn/blob/master/vp/share/very.mll 获取,语法分析程序的代码(附录 2)可从 https://github.com/shengyushen/compsyn/blob/master/vp/share/parser.mly 获取。

分析的结果将被转换为一个有向图(V, E)。其中,V 是节点集合,包含以下类型的节点:

(1)输入变量 $i \in \boldsymbol{i}$,包含一个输入;

(2)输出变量 $o \in \boldsymbol{o}$,包含一个输出;

(3)与门,包含两个输入(A,B)和一个输出 Z;

(4)非门,包含一个输入 A 和一个输出 Z;

(5)寄存器,包含一个输入 D 和一个输出 Q;

而每条边 $e \in E$ 是单向的,从一个节点的输出指向另一个节点的输入,如图 7.2 所示。

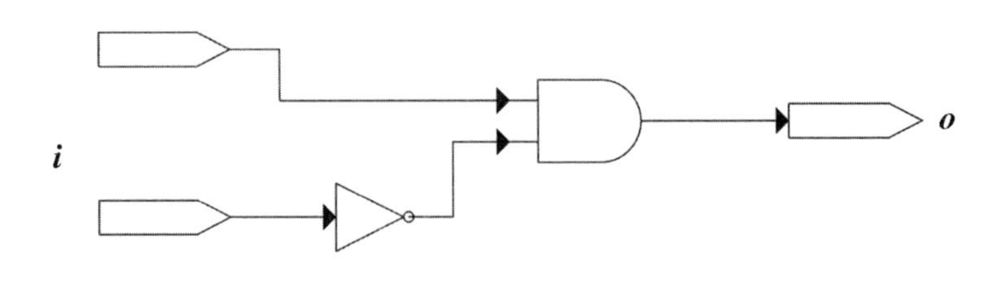

图 7.2 自动机模型的简化描述

7.1.3 AIG 模块

AIG 是 And-Inverter Graph 的缩写，指如图 7.2 所示的电路结构。该模块用于构造和维护 AIG 数据结构，并负责从 AIG 到 CNF 公式的转换。

7.1.4 MiniSat 求解器

MiniSat 求解器[34]是目前应用最为广泛的 SAT 求解器。尽管已经有不少新的求解器在性能上超过了 MiniSat，但是由于 MiniSat 在结构的模块化和可修改性方面具有显著优势，因此被大量用作理论相关求解器的基础，如数组、未解释函数和线性等式/不等式等。

基于同样的原因，MiniSat 提供了从其自身的 C 语言内核到 OCaml 语言的接口。这为在对偶综合算法中调用 MiniSat 求解器，并获取其求解结果提供了很大的便利。

7.1.5 BDD

本书选择学术界广泛使用并经过长期验证的 CUDD 软件包[61]来处理 BDD 数据结构。主要应用于 3.5 节中描述的基于 BDD 的化简算法。

7.1.6 Craig 插值模块

该模块使用 MiniSat 求解器的 Ocaml 接口,以得到不可满足公式的不可满足证明,并依据3.2 节中定义 3.2 描述的过程产生 Craig 插值。

7.2 主要流程

在图7.1 中的每个方框中都标注了数字,在以下小节的各个主要流程中,将使用这些数字来指出流程中各个步骤及其顺序。

7.2.1 语法分析和有限状态机的构造

该流程以原始的编码器源代码为输入,按照 1→2→3→4→5 的步骤进行,最后将产生的有限状态机模型送入核心算法模块。

7.2.2 SAT 求解

该步骤从核心算法模块开始,调用 AIG 模块产生 CNF 公式,送入 MiniSat 求解器,并将结果返回至核心算法。经过步骤为6→9→7→9→6。

7.2.3 Craig 插值

该步骤从核心算法模块开始,调用 AIG 模块产生 CNF 公式,送至 Craig 插值模块产生相应的不可满足公式;然后送到 MiniSat 求解器求解并返回不可满足证明;最后在 Craig 插值模块中产生插值结果,并返回核心算法。经过步骤为 6→9→8→7→8→9→6。

7.2.4 基于余子式和 Craig 插值的迭代

此步骤相当于重复地执行上述的 Craig 插值操作，即重复地经过 8 和 7，形成如 6→9→(8→7→)$^+$8→9→6 的路径。

在完成上述流程之后，还需要额外调用 BDD 模块进行结果的化简。

7.3 本章小结

本章通过对原型系统的整体结构和主要流程进行析解，详细描述了各个子系统的实现方法、主要功能和具体实现步骤。

第8章　结束语

本章对全书进行总结,并对下一步研究工作进行展望。

8.1　工作总结

对偶综合是集成电路设计,尤其是面向通信和多媒体芯片设计研究中的重要问题。本书针对现代通信协议的编码器中广泛采用的流水线和流控制,以提高所产生的解码器的性能和对环境的适应性为研究目标,系统地研究了对偶综合中的一些重要问题。具体而言,本书主要对以下几个重要问题进行了深入研究。

第一,研究了基于余子式和 Craig 插值[11]的迭代特征化算法。在发掘编码器内部结构和自动产生解码器的过程中,一个必须而且对性能要求非常苛刻的步骤,是特征化满足特定命题逻辑关系 R 的布尔函数 f。传统的算法包括基于 SAT[12] 或 BDD[13] 的完全解遍历和和量词削减[14-21],然而这些算法通常受到解空间不规则的困扰,导致性能低下。为此,本书提出了一个迭代的特征化算法框架。在每一次迭代中,为每一个尚未被遍历的解 A,利用其对应的余子式化简 R 以满足产生 Craig 插值要求,而该插值是 A 的一个充分扩展。该迭代过程是停机的,且其性能比传统的完全解遍历算法有巨大的提升。

第二,研究了针对流控制的对偶综合算法。传统对偶综合算法[1-9]

的一个基本假设是，编码器的输入向量 $\boldsymbol{i}$ 总能够被输出向量 $\boldsymbol{o}$ 的一个有限长度序列唯一决定。基于该假设方可构造满足 Craig 插值的不可满足公式。然而，许多高速通信系统的编码器带有流控制[10]，直接违反了上述假设。该机制将 $\boldsymbol{i}$ 划分为有待编码的数据向量 $\boldsymbol{d}$ 和用以表达 $\boldsymbol{d}$ 有效性的流控向量 $\boldsymbol{f}$，并在 $\boldsymbol{f}$ 上定义一个有效性谓词 valid($\boldsymbol{f}$)。只有在 valid($\boldsymbol{f}$) ≡1 的情形下，$\boldsymbol{d}$ 才能够被 $\boldsymbol{o}$ 唯一决定。为此，本书提出了能够处理流控制的对偶综合算法：首先，使用经典的对偶综合算法[4]以识别那些能够被唯一决定的输入变量，并将它们视为流控向量 $\boldsymbol{f}$ 的成员，而其他不能被唯一决定的变量则作为数据向量 $\boldsymbol{d}$ 的成员；其次，推导一个充分必要谓词 valid($\boldsymbol{f}$) 使 $\boldsymbol{d}$ 能够被输出向量 $\boldsymbol{o}$ 的一个有限长度序列唯一决定；最后，对于每一个流控变量 $f \in \boldsymbol{f}$，使用 Craig 插值算法[25]特征化其解码器函数，同时对于数据向量 $\boldsymbol{d}$，它们的值只有在 valid($\boldsymbol{f}$) ≡1 时才有意义。因此每个 $d \in \boldsymbol{d}$ 的解码器函数可以类似地使用 Craig 插值算法得到，唯一的不同在于必须首先应用谓词 valid($\boldsymbol{f}$) ≡1。

第三，研究了针对流水线结构的对偶综合算法。现代集成电路中的编码器，为了提升工作频率，通常包含多个流水线级，以将关键的数据路径划分为多级。而传统的对偶综合算法[1-9]完全无视这种流水线结构，从而导致生成的解码器无法保持和编码器匹配的频率和性能。为此，本书提出了能够产生流水解码器的对偶综合算法：首先，将传统对偶综合算法推广到非输入输出情形，找到编码器中每一个流水线级 $\boldsymbol{G}^j$ 中的状态变量集合；然后，使用迭代 Craig 插值算法特征化每一个流水线级 $\boldsymbol{G}^j$ 的布尔函数，从下一个流水线级 $\boldsymbol{G}^{j+1}$ 或输出 $\boldsymbol{o}$ 之中恢复 $\boldsymbol{G}^j$；最终特征化 $\boldsymbol{i}$ 的布尔函数，从第一个流水线级 $\boldsymbol{G}^0$ 中恢复 $\boldsymbol{i}$。

第四，结合上述研究成果，研究了能够同时处理流控制和流水线结构的对偶综合算法。该算法首先使用 Qin 等[26]的算法来寻找 $\boldsymbol{f}$ 并推导 valid($\boldsymbol{f}$)；然后分别通过强制和不强制 valid($\boldsymbol{f}$)，从所有状态变量集合中找到每一个流水线级 $\boldsymbol{G}^j$ 的数据向量 $\boldsymbol{d}^j$ 和流控向量 $\boldsymbol{f}^j$；最后通过 Jiang 等[23]的算法特征化 $\boldsymbol{G}^j$ 和 $\boldsymbol{i}$ 的布尔函数。

综上所述，本书对基于白盒模型的对偶综合算法中若干关键问题进行了深入研究，提出了针对流控制和流水线结构的解决方案。理论分析和实验结果验证了所提出算法的有效性和性能，对于进一步促进对偶综合算法的发展和应用具有一定的理论意义和应用价值。

8.2　研究展望

近年来，随着 100G 以太网[66]、128G 光纤通道[67]和 InfiniBand EDR[28]的出现，单通道传输带宽达到 25～32 Gbps，从而导致高频衰减在标准的背板传输距离上超过了 30 dB，并使其无法达到以太网标准要求的 10^{-12} 误码率[68]。而工业界最新的实验性 56 Gbps 串行传输技术仅能在 11 英寸①以内的距离上保证 10^{-12} 误码率[69]。为了克服上述误码率问题，基于有限域（Galois field）[70]的前向纠错编码（forward error correction coding，FEC）[71]被广泛应用于 100G 以太网[66]、128G 光纤通道[67]和 InfiniBand EDR[28]等全新的传输标准中。该纠错机制的特点及其对目前对偶综合算法的挑战如下：

（1）前向纠错编码设计者和集成电路工程师之间在知识背景和抽象层次上的差异，导致无法很好地协作完成纠错码的集成电路实现。一方面，前向纠错编码设计者专注于有限域等抽象数学领域，使用诸如 singular[72]等数学工具，在抽象数学的层面上对 FEC 进行推理。然而，将上述抽象的数学对象映射到集成电路的寄存器传输级描述的工作，需要由集成电路工程师完成。而后者关注的是流水线分级、布尔逻辑功能和

① 1 英寸＝0.0254 米。

物理时序等工程细节。这种知识背景和抽象层次上的差异,有可能在FEC的集成电路实现上产生潜在的缺陷。因此就带来了在寄存器传输级上,对前向纠错编码(FEC)进行形式化验证和对偶综合的强烈需求。

(2)FEC中的有限域算术操作无法使用布尔逻辑推理引擎进行高效推理。包括对偶综合在内的绝大多数形式化方法依赖于高效的布尔逻辑推理引擎,包括命题逻辑可满足求解器(SAT)[12]和二元决策图(BDD)[13]。而在将有限域算术操作映射到布尔逻辑的过程中,会产生大量的异或操作,这极大地削弱了SAT和BDD的效率。近年来致力于验证纠错编码的多篇文献[2, 9, 73, 74]均指出了这一点。

(3)FEC中的长帧将导致对偶综合的巨大运算开销。现有的对偶综合算法通过逐步扩大迁移关系的展开长度,以找到一个特定大小的移动窗口,使得该窗口内的输出序列能够唯一决定当前的输入字符。在多个工业界标准编码器中,该窗口大小均不超过5。然而在FEC中,为了尽量减小校验码所占用的带宽,通常会选择很长的FEC帧尺寸。比如在IEEE 802.3bj定义的100 G以太网中[66],每个FEC帧包含5280 bit。在典型的250~260位数据路径宽度上,这将导致移动窗口的尺寸至少为20,超出了目前为止所有对偶综合算法的处理能力。

(4)FEC的非对称结构和阻塞式的解码算法,导致现有的对偶综合算法无法产生规则而高效的解码器结构。原因在于,FEC解码算法的复杂性远比编码高得多,而且并不存在线性流水线式的实现,必须在一个完整的FEC帧上经过多次迭代处理方能完成。这与现有对偶综合框架中对解码器结构的线性流水线假设有很大区别。

应对并解决以上所述困难和挑战,将极大地推进FEC的形式化验证和对偶综合方面的研究,进而提升面向通信和多媒体的集成电路芯片设计质量。

附录 1　词法分析程序代码

```
{open Parser}
rule verilog = parse
"module"{ KEY_MODULE(Lexing.lexeme_start_p lexbuf, Lexing.lexeme_end_p
lexbuf)}
|"endmodule"{ KEY_ENDMODULE(Lexing.lexeme_start_p lexbuf, Lexing.lexeme
_end_p lexbuf)}
|"input"{ KEY_INPUT(Lexing.lexeme_start_p lexbuf, Lexing.lexeme_end_p
lexbuf)}
|"output"{ KEY_OUTPUT(Lexing.lexeme_start_p lexbuf, Lexing.lexeme_end_p
lexbuf)}
|"inout"{ KEY_INOUT(Lexing.lexeme_start_p lexbuf, Lexing.lexeme_end_p
lexbuf)}
|"small"{ KEY_SMALL(Lexing.lexeme_start_p lexbuf, Lexing.lexeme_end_p
lexbuf)}
|"medium"{ KEY_MEDIUM(Lexing.lexeme_start_p lexbuf, Lexing.lexeme_end_p
lexbuf)}
|"large"{ KEY_LARGE(Lexing.lexeme_start_p lexbuf, Lexing.lexeme_end_p
lexbuf)}
|"scalared"{ KEY_SCALARED(Lexing.lexeme_start_p lexbuf, Lexing.lexeme_end
_p lexbuf)}
|"vectored"{ KEY_VECTORED(Lexing.lexeme_start_p lexbuf, Lexing.lexeme_end
```

```
_p lexbuf) }
|"assign"{ KEY_ASSIGN(Lexing.lexeme_start_p lexbuf, Lexing.lexeme_end_p
lexbuf) }
|"reg"{ KEY_REG(Lexing.lexeme_start_p lexbuf, Lexing.lexeme_end_p lexbuf) }
|"always"{ KEY_ALWAYS(Lexing.lexeme_start_p lexbuf, Lexing.lexeme_end_p
lexbuf) }
|"if"{ KEY_IF(Lexing.lexeme_start_p lexbuf, Lexing.lexeme_end_p lexbuf) }
|"else"{ KEY_ELSE(Lexing.lexeme_start_p lexbuf, Lexing.lexeme_end_p
lexbuf) }
|"case"{ KEY_CASE(Lexing.lexeme_start_p lexbuf, Lexing.lexeme_end_p
lexbuf) }
|"casex"{ KEY_CASEX(Lexing.lexeme_start_p lexbuf, Lexing.lexeme_end_p
lexbuf) }
|"casez"{ KEY_CASEZ(Lexing.lexeme_start_p lexbuf, Lexing.lexeme_end_p
lexbuf) }
|"endcase"{ KEY_ENDCASE(Lexing.lexeme_start_p lexbuf, Lexing.lexeme_end_
p lexbuf) }
|"disable"{ KEY_DISABLE(Lexing.lexeme_start_p lexbuf, Lexing.lexeme_end_p
lexbuf) }
|"force"{ KEY_FORCE(Lexing.lexeme_start_p lexbuf, Lexing.lexeme_end_p
lexbuf) }
|"release"{ KEY_RELEASE(Lexing.lexeme_start_p lexbuf, Lexing.lexeme_end_p
lexbuf) }
|"default"{ KEY_DEFAULT(Lexing.lexeme_start_p lexbuf, Lexing.lexeme_end_p
lexbuf) }
|"forever"{ KEY_FOREVER(Lexing.lexeme_start_p lexbuf, Lexing.lexeme_end_p
lexbuf) }
|"repeat"{ KEY_REPEAT(Lexing.lexeme_start_p lexbuf, Lexing.lexeme_end_p
```

```
lexbuf)}
|"while"{ KEY_WHILE(Lexing.lexeme_start_p lexbuf, Lexing.lexeme_end_p
lexbuf)}
|"for"{ KEY_FOR(Lexing.lexeme_start_p lexbuf, Lexing.lexeme_end_p lexbuf)}
|"wait"{ KEY_WAIT(Lexing.lexeme_start_p lexbuf, Lexing.lexeme_end_p
lexbuf)}
|"begin"{ KEY_BEGIN(Lexing.lexeme_start_p lexbuf, Lexing.lexeme_end_p
lexbuf)}
|"end"{ KEY_END(Lexing.lexeme_start_p lexbuf, Lexing.lexeme_end_p lexbuf)}
|"fork"{ KEY_FORK(Lexing.lexeme_start_p lexbuf, Lexing.lexeme_end_p
lexbuf)}
|"join"{ KEY_JOIN(Lexing.lexeme_start_p lexbuf, Lexing.lexeme_end_p
lexbuf)}
|"parameter"{ KEY_PARAMETER(Lexing.lexeme_start_p lexbuf, Lexing.lexeme_
end_p lexbuf)}
|"integer"{ KEY_INTEGER(Lexing.lexeme_start_p lexbuf, Lexing.lexeme_end_p
lexbuf)}
|"real"{ KEY_REAL(Lexing.lexeme_start_p lexbuf, Lexing.lexeme_end_p
lexbuf)}
|"time"{ KEY_TIME(Lexing.lexeme_start_p lexbuf, Lexing.lexeme_end_p
lexbuf)}
|"event"{ KEY_EVENT(Lexing.lexeme_start_p lexbuf, Lexing.lexeme_end_p
lexbuf)}
|"edge"{ KEY_EDGE(Lexing.lexeme_start_p lexbuf, Lexing.lexeme_end_p
lexbuf)}
|"posedge"{ KEY_POSEDGE(Lexing.lexeme_start_p lexbuf, Lexing.lexeme_end_
p lexbuf)}
|"negedge"{ KEY_NEGEDGE(Lexing.lexeme_start_p lexbuf, Lexing.lexeme_end_
```

```
p lexbuf) }
|"or"{ KEY_OR(Lexing.lexeme_start_p lexbuf, Lexing.lexeme_end_p lexbuf) }
|"defparam"{ KEY_DEFPARAM(Lexing.lexeme_start_p lexbuf, Lexing.lexeme_
end_p lexbuf) }
|"specify"{ KEY_SPECIFY(Lexing.lexeme_start_p lexbuf, Lexing.lexeme_end_p
lexbuf) }
|"endspecify"{ KEY_ENDSPECIFY(Lexing.lexeme_start_p lexbuf, Lexing.lexeme
_end_p lexbuf) }
|"initial"{ KEY_INITIAL(Lexing.lexeme_start_p lexbuf, Lexing.lexeme_end_p
lexbuf) }
|"task"{ KEY_TASK(Lexing.lexeme_start_p lexbuf, Lexing.lexeme_end_p
lexbuf) }
|"endtask"{ KEY_ENDTASK(Lexing.lexeme_start_p lexbuf, Lexing.lexeme_end_p
lexbuf) }
|"function"{ KEY_FUNCTION(Lexing.lexeme_start_p lexbuf, Lexing.lexeme_end
_p lexbuf) }
|"endfunction"{ KEY_ENDFUNCTION(Lexing.lexeme_start_p lexbuf, Lexing.
lexeme_end_p lexbuf) }
|"specparam"{ KEY_SPECPARAM(Lexing.lexeme_start_p lexbuf, Lexing.lexeme_
end_p lexbuf) }
|"and"{ GATETYPE("and") }
|"nand"{ GATETYPE("nand") }
|"or"{ GATETYPE("or") }
|"nor"{ GATETYPE("nor") }
|"xor"{ GATETYPE("xor") }
|"xnor"{ GATETYPE("xnor") }
|"buf"{ GATETYPE("buf") }
|"bufif0"{ GATETYPE("bufif0") }
```

```
|"bufif1"{ GATETYPE("bufif1")}
|"not"{ GATETYPE("not")}
|"notif0"{ GATETYPE("notif0")}
|"notif1"{ GATETYPE("notif1")}
|"pulldown"{ GATETYPE("pulldown")}
|"pullup"{ GATETYPE("pullup")}
|"nmos"{ GATETYPE("nmos")}
|"rnmos"{ GATETYPE("rnmos")}
|"pmos"{ GATETYPE("pmos")}
|"rpmos"{ GATETYPE("rpmos")}
|"cmos"{ GATETYPE("cmos")}
|"rcmos"{ GATETYPE("rcmos")}
|"tran"{ GATETYPE("tran")}
|"rtran"{ GATETYPE("rtran")}
|"tranif0"{ GATETYPE("tranif0")}
|"rtranif0"{ GATETYPE("rtranif0")}
|"tranif1"{ GATETYPE("tranif1")}
|"rtranif1"{ GATETYPE("rtranif1")}
|"wire"{ NETTYPE("wire")}
|"tri"{ NETTYPE("tri")}
|"tri1"{ NETTYPE("tri1")}
|"supply0"{ NETTYPE("supply0")}
|"wand"{ NETTYPE("wand")}
|"triand"{ NETTYPE("triand")}
|"tri0"{ NETTYPE("tri0")}
|"supply1"{ NETTYPE("supply1")}
|"wor"{ NETTYPE("wor")}
|"trior"{ NETTYPE("trior")}
```

```
|"trireg"{ NETTYPE("trireg")}
|"supply0"{ STRENGTH0("supply0")}
|"strong0"{ STRENGTH0("strong0")}
|"pull0"{ STRENGTH0("pull0")}
|"weak0"{ STRENGTH0("weak0")}
|"highz0"{ STRENGTH0("highz0")}
|"supply1"{ STRENGTH1("supply1")}
|"strong1"{ STRENGTH1("strong1")}
|"pull1"{ STRENGTH1("pull1")}
|"weak1"{ STRENGTH1("weak1")}
|"highz1"{ STRENGTH1("highz1")}
|"$setup"{ DOLLOR_SETUP}
|"$hold"{ DOLLOR_HOLD}
|"$period"{ DOLLOR_PERIOD}
|"$width"{ DOLLOR_WIDTH}
|"$skew"{ DOLLOR_SKEW}
|"$recovery"{ DOLLOR_RECOVERY}
|"$setuphold"{ DOLLOR_SETUPHOLD}
|"$bitstoreal"{ DOLLOR_SYSTEM_IDENTIFIER("$bitstoreal")}
|"$countdrivers"{ DOLLOR_SYSTEM_IDENTIFIER("$countdrivers")}
|"$display"{ DOLLOR_SYSTEM_IDENTIFIER("$display")}
|"$fclose"{ DOLLOR_SYSTEM_IDENTIFIER("$fclose")}
|"$fdisplay"{ DOLLOR_SYSTEM_IDENTIFIER("$fdisplay")}
|"$fmonitor"{ DOLLOR_SYSTEM_IDENTIFIER("$fmonitor")}
|"$fopen"{ DOLLOR_SYSTEM_IDENTIFIER("$fopen")}
|"$fstrobe"{ DOLLOR_SYSTEM_IDENTIFIER("$fstrobe")}
|"$fwrite"{ DOLLOR_SYSTEM_IDENTIFIER("$fwrite")}
|"$finish"{ DOLLOR_SYSTEM_IDENTIFIER("$finish")}
```

```
|"$getpattern"{ DOLLOR_SYSTEM_IDENTIFIER("$getpattern")}
|"$history"{ DOLLOR_SYSTEM_IDENTIFIER("$history")}
|"$incsave"{ DOLLOR_SYSTEM_IDENTIFIER("$incsave")}
|"$input"{ DOLLOR_SYSTEM_IDENTIFIER("$input")}
|"$itor"{ DOLLOR_SYSTEM_IDENTIFIER("$itor")}
|"$key"{ DOLLOR_SYSTEM_IDENTIFIER("$key")}
|"$list"{ DOLLOR_SYSTEM_IDENTIFIER("$list")}
|"$log"{ DOLLOR_SYSTEM_IDENTIFIER("$log")}
|"$monitor"{ DOLLOR_SYSTEM_IDENTIFIER("$monitor")}
|"$monitoroff"{ DOLLOR_SYSTEM_IDENTIFIER("$monitoroff")}
|"$monitoron"{ DOLLOR_SYSTEM_IDENTIFIER("$monitoron")}
|"$nokey"{ DOLLOR_SYSTEM_IDENTIFIER("$nokey")}
|"$nolog"{ DOLLOR_SYSTEM_IDENTIFIER("$nolog")}
|"$printtimescale"{ DOLLOR_SYSTEM_IDENTIFIER("$printtimescale")}
|"$readmemb"{ DOLLOR_SYSTEM_IDENTIFIER("$readmemb")}
|"$readmemh"{ DOLLOR_SYSTEM_IDENTIFIER("$readmemh")}
|"$realtime"{ DOLLOR_SYSTEM_IDENTIFIER("$realtime")}
|"$realtobits"{ DOLLOR_SYSTEM_IDENTIFIER("$realtobits")}
|"$reset"{ DOLLOR_SYSTEM_IDENTIFIER("$reset")}
|"$reset_count"{ DOLLOR_SYSTEM_IDENTIFIER("$reset_count")}
|"$reset_value"{ DOLLOR_SYSTEM_IDENTIFIER("$reset_value")}
|"$restart"{ DOLLOR_SYSTEM_IDENTIFIER("$restart")}
|"$rtoi"{ DOLLOR_SYSTEM_IDENTIFIER("$rtoi")}
|"$save"{ DOLLOR_SYSTEM_IDENTIFIER("$save")}
|"$scale"{ DOLLOR_SYSTEM_IDENTIFIER("$scale")}
|"$scope"{ DOLLOR_SYSTEM_IDENTIFIER("$scope")}
|"$showscopes"{ DOLLOR_SYSTEM_IDENTIFIER("$showscopes")}
|"$showvariables"{ DOLLOR_SYSTEM_IDENTIFIER("$showvariables")}
```

```
|"$showvars"{ DOLLOR_SYSTEM_IDENTIFIER("$showvars") }
|"$sreadmemb"{ DOLLOR_SYSTEM_IDENTIFIER("$sreadmemb") }
|"$sreadmemh"{ DOLLOR_SYSTEM_IDENTIFIER("$sreadmemh") }
|"$stime"{ DOLLOR_SYSTEM_IDENTIFIER("$stime") }
|"$stop"{ DOLLOR_SYSTEM_IDENTIFIER("$stop") }
|"$strobe"{ DOLLOR_SYSTEM_IDENTIFIER("$strobe") }
|"$time"{ DOLLOR_SYSTEM_IDENTIFIER("$time") }
|"$timeformat"{ DOLLOR_SYSTEM_IDENTIFIER("$timeformat") }
|"$write"{ DOLLOR_SYSTEM_IDENTIFIER("$write") }
|"`accelerate"{ endline lexbuf }
|"`autoexpand_vectornets"{ endline lexbuf }
|"`celldefine"{ endline lexbuf }
|"`default_nettype"{ endline lexbuf }
|"`endcelldefine"{ endline lexbuf }
|"`endprotect"{ endline lexbuf }
|"`endprotected"{ endline lexbuf }
|"`expand_vectornets"{ endline lexbuf }
|"`noaccelerate"{ endline lexbuf }
|"`noexpand_vectornets"{ endline lexbuf }
|"`noremove_gatenames"{ endline lexbuf }
|"`noremove_netnames"{ endline lexbuf }
|"`nounconnected_drive"{ endline lexbuf }
|"`protect"{ endline lexbuf }
|"`protected"{ endline lexbuf }
|"`remove_gatenames"{ endline lexbuf }
|"`remove_netnames"{ endline lexbuf }
|"`resetall"{ endline lexbuf }
|"`timescale"{ endline lexbuf }
```

```
|"`unconnected_drive"{ endline lexbuf }
|"+"{ ADD(Lexing.lexeme_start_p lexbuf, Lexing.lexeme_end_p lexbuf)}
|"-"{ SUB(Lexing.lexeme_start_p lexbuf, Lexing.lexeme_end_p lexbuf)}
|"*"{ MUL(Lexing.lexeme_start_p lexbuf, Lexing.lexeme_end_p lexbuf)}
|"/"{ DIV(Lexing.lexeme_start_p lexbuf, Lexing.lexeme_end_p lexbuf)}
|"%"{ MOD(Lexing.lexeme_start_p lexbuf, Lexing.lexeme_end_p lexbuf)}
|">"{ GT(Lexing.lexeme_start_p lexbuf, Lexing.lexeme_end_p lexbuf)}
|">="{ GE(Lexing.lexeme_start_p lexbuf, Lexing.lexeme_end_p lexbuf)}
|"<"{ LT(Lexing.lexeme_start_p lexbuf, Lexing.lexeme_end_p lexbuf)}
|"<="{ LE(Lexing.lexeme_start_p lexbuf, Lexing.lexeme_end_p lexbuf)}
|"!"{ LOGIC_NEG(Lexing.lexeme_start_p lexbuf, Lexing.lexeme_end_p lexbuf)}
|"&&"{ LOGIC_AND(Lexing.lexeme_start_p lexbuf, Lexing.lexeme_end_p
lexbuf)}
|"||"{ LOGIC_OR(Lexing.lexeme_start_p lexbuf, Lexing.lexeme_end_p lexbuf)}
|"=="{ LOGIC_EQU(Lexing.lexeme_start_p lexbuf, Lexing.lexeme_end_p
lexbuf)}
|"!="{ LOGIC_INE(Lexing.lexeme_start_p lexbuf, Lexing.lexeme_end_p
lexbuf)}
|"==="{ CASE_EQU(Lexing.lexeme_start_p lexbuf, Lexing.lexeme_end_p
lexbuf)}
|"!=="{ CASE_INE(Lexing.lexeme_start_p lexbuf, Lexing.lexeme_end_p
lexbuf)}
|"~"{ BIT_NEG(Lexing.lexeme_start_p lexbuf, Lexing.lexeme_end_p lexbuf)}
|"&"{ BIT_AND(Lexing.lexeme_start_p lexbuf, Lexing.lexeme_end_p lexbuf)}
|"|"{ BIT_OR(Lexing.lexeme_start_p lexbuf, Lexing.lexeme_end_p lexbuf)}
|"^"{ BIT_XOR(Lexing.lexeme_start_p lexbuf, Lexing.lexeme_end_p lexbuf)}
|"^~"{ BIT_EQU(Lexing.lexeme_start_p lexbuf, Lexing.lexeme_end_p lexbuf)}
|"~^"{ BIT_EQU(Lexing.lexeme_start_p lexbuf, Lexing.lexeme_end_p lexbuf)}
```

```
|"~&"{ RED_NAND(Lexing.lexeme_start_p lexbuf, Lexing.lexeme_end_p
lexbuf)}
|"~|"{ RED_NOR(Lexing.lexeme_start_p lexbuf, Lexing.lexeme_end_p
lexbuf)}
|"<<"{ LEFT_SHIFT(Lexing.lexeme_start_p lexbuf, Lexing.lexeme_end_p
lexbuf)}
|">>"{ RIGHT_SHIFT(Lexing.lexeme_start_p lexbuf, Lexing.lexeme_end_p
lexbuf)}
|"?"{ QUESTION_MARK(Lexing.lexeme_start_p lexbuf, Lexing.lexeme_end_p
lexbuf)}
|"->"{ LEADTO(Lexing.lexeme_start_p lexbuf, Lexing.lexeme_end_p lexbuf)}
|'{'{ LBRACE(Lexing.lexeme_start_p lexbuf, Lexing.lexeme_end_p lexbuf)}
|'}'{ RBRACE(Lexing.lexeme_start_p lexbuf, Lexing.lexeme_end_p lexbuf)}
|'['{ LBRACKET(Lexing.lexeme_start_p lexbuf, Lexing.lexeme_end_p lexbuf)}
|']'{ RBRACKET(Lexing.lexeme_start_p lexbuf, Lexing.lexeme_end_p lexbuf)}
|'('{ LPAREN(Lexing.lexeme_start_p lexbuf, Lexing.lexeme_end_p lexbuf)}
|')'{ RPAREN(Lexing.lexeme_start_p lexbuf, Lexing.lexeme_end_p lexbuf)}
|','{ COMMA(Lexing.lexeme_start_p lexbuf, Lexing.lexeme_end_p lexbuf)}
|';'{ SEMICOLON(Lexing.lexeme_start_p lexbuf, Lexing.lexeme_end_p lexbuf)}
|':'{ COLON(Lexing.lexeme_start_p lexbuf, Lexing.lexeme_end_p lexbuf)}
|'.'{ DOT(Lexing.lexeme_start_p lexbuf, Lexing.lexeme_end_p lexbuf)}
|'#'{ JING(Lexing.lexeme_start_p lexbuf, Lexing.lexeme_end_p lexbuf)}
|'@'{ AT(Lexing.lexeme_start_p lexbuf, Lexing.lexeme_end_p lexbuf)}
|'$'{ DOLLOR(Lexing.lexeme_start_p lexbuf, Lexing.lexeme_end_p lexbuf)}
|'='{ SINGLEASSIGN(Lexing.lexeme_start_p lexbuf, Lexing.lexeme_end_p
lexbuf)}
|"=>"{ PATHTO(Lexing.lexeme_start_p lexbuf, Lexing.lexeme_end_p lexbuf)}
|"*>"{ PATHTOSTAR(Lexing.lexeme_start_p lexbuf, Lexing.lexeme_end_p
```

```
lexbuf)}
|"?:"{ QUESTION_MARK_COLON(Lexing.lexeme_start_p lexbuf, Lexing.lexeme
_end_p lexbuf)}
|"&&&"{ AND3(Lexing.lexeme_start_p lexbuf, Lexing.lexeme_end_p lexbuf)}
|'\n'{
        lexbuf.Lexing.lex_curr_p <-
            {
            Lexing.pos_fname = lexbuf.Lexing.lex_curr_p.Lexing.pos_fname ;
            Lexing.pos_lnum = lexbuf.Lexing.lex_curr_p.Lexing.pos_lnum + 1 ;
            Lexing.pos_bol = lexbuf.Lexing.lex_curr_p.Lexing.pos_cnum ;
            Lexing.pos_cnum = lexbuf.Lexing.lex_curr_p.Lexing.pos_cnum
            };
        verilog lexbuf
    }
|[ ' ' '\t']{ verilog lexbuf}
['+' '-']? ['0'-'9' '_']+(['.']['0'-'9' '_']+)? ['E' 'e']['+' '-']?
['0'-'9' '_']+ as lxm
{ FLOAT_NUMBER(lxm)}
|[ 'A'-'Z' 'a'-'z' '_' ]['A'-'Z' 'a'-'z' '_' '0'-'9'] * as idstr
{ IDENTIFIER(idstr)}
|'\\'[^ ' ' '\t' '\n' ] * [' ' '\t' '\n' ]as idstr
{ IDENTIFIER(idstr)}
|'"'[^ '"' '\n'] '"'as str
{ STRING(str)}
|[ '0'-'9' '_'] + as lxm{ UNSIGNED_NUMBER(lxm)}
|[ '0'-'9' '_'] *'\''['b' 'B' 'o' 'O' 'd' 'D' 'h' 'H' ]['A'-'Z' 'a'-'z' '_' '0'
-'9' '?'] + as lxm
{ BASE_NUMBER(lxm)}
```

```
|"//"{ endline lexbuf}
|"/ * "{ comment 1 lexbuf}
|eof{ EOF(Lexing. lexeme_start_p lexbuf, Lexing. lexeme_end_p lexbuf)}
|_as c
    {
        let pos = Lexing. lexeme_end_p lexbuf
        in
        let fn = pos. Lexing. pos_fname
        and ln = (pos. Lexing. pos_lnum) + 1
        and cn = pos. Lexing. pos_cnum - pos. Lexing. pos_bol
        in
        Printf. printf "fatal error : unrecognized char % c in file % s line % d
char % d " c fn ln cn
        ;
        exit 1
    }
and endline = parse
'\n'    {
        lexbuf. Lexing. lex_curr_p < -
          {
              Lexing. pos_fname = lexbuf. Lexing. lex_curr_p. Lexing. pos_
fname ;
            Lexing. pos_lnum = lexbuf. Lexing. lex_curr_p. Lexing. pos_lnum + 1 ;
            Lexing. pos_bol = lexbuf. Lexing. lex_curr_p. Lexing. pos_cnum ;
            Lexing. pos_cnum = lexbuf. Lexing. lex_curr_p. Lexing. pos_cnum
          } ;
        verilog lexbuf
    }
```

```
|[' ' '\t']{ endline lexbuf}
|eof{ EOF(Lexing.lexeme_start_p lexbuf, Lexing.lexeme_end_p lexbuf)}
|_{ endline lexbuf}
and comment nest = parse
"/*"{ comment (nest+1) lexbuf}
|"*/"{ if (nest = =1) then
verilog lexbuf
else
comment (nest-1) lexbuf
}
|_{comment nestlexbuf}
```

附录 2　语法分析程序代码

```
%{open Typedef

let pos_fn = ref "";;
let pos_ln = ref 0;;
let pos_cn = ref 0;;

let delunderscore strg = String.concat "" (Str.split (Str.regexp "['_']+") strg);;
let string2base_number strg =
  try
  let pos = String.index strg '\'' in
    let b = String.get strg (pos + 1)
    and len = try
      int_of_string (delunderscore (String.sub strg 0 pos))
    with int_of_string -> begin
      Printf.printf "fatal error : base number without width %s at " strg;
      Printf.printf "file : %s " ! pos_fn;
      Printf.printf "line : %d " ((! pos_ln) + 1); (* because it start from 0 *)
      Printf.printf "char : %d\n" ! pos_cn;
      exit 1
    end
    and num = delunderscore(String.sub strg (pos + 2) ((String.length strg) -
```

```
pos -2))
    in begin
      match b with
      'b'  - > begin
        let lennum  =  String. length num
        in begin
          if lennum  =  len then T_number_base(len,'b',num)
          else if lennum  <  len then T_number_base(len,'b',(String. concat ""
[(String. make (len  -  lennum) '0');num]))
          else begin
            Printf. printf "warning : lennum  >  len %s\n" strg;
            T_number_base(len,'b',(String. sub num (lennum -len) len))
          end
        end
      end
      |'B'  -> begin
        let lennum  =  String. length num
        in begin
          if lennum  =  len then T_number_base(len,'b',num)
          else if lennum  <  len then T_number_base(len,'b',(String. concat ""
[(String. make (len  -  lennum) '0');num]))
          else begin
            Printf. printf "warning : lennum  >  len %s\n" strg;
            T_number_base(len,'b',(String. sub num (lennum -len) len))
          end
        end
      end
      |'h'  - > begin
        Printf. printf "NOTE : to convert %s 1\n" strg;
```

```
        let newnum = hexstring2binstring num
        in
        let lennum = String.length newnum
        in begin
          if lennum = len then T_number_base(len,'b',newnum)
          else if lennum < len then T_number_base(len,'b',(String.concat ""
[(String.make (len - lennum) '0');newnum]))
          else begin
            Printf.printf "warning : lennum > len %s\n" strg;
            T_number_base(len,'b',(String.sub newnum (lennum - len) len))
          end
        end
      end
      |'H' -> begin
        Printf.printf "NOTE : to convert %s 2\n" strg;
        let newnum = hexstring2binstring num
        in
        let lennum = String.length newnum
        in begin
          if lennum = len then T_number_base(len,'b',newnum)
          else if lennum < len then T_number_base(len,'b',(String.concat ""
[(String.make (len - lennum) '0');newnum]))
          else begin
            Printf.printf "warning : lennum > len %s\n" strg;
            T_number_base(len,'b',(String.sub newnum (lennum - len) len))
          end
        end
      end
      |'d' -> begin
```

```
        let newnum = decstring2binstring num
        in
        let lennum = String.length newnum
        in begin
          if lennum = len then T_number_base(len,'b',newnum)
          else if lennum < len then T_number_base(len,'b',(String.concat ""
[(String.make (len - lennum) '0');newnum]))
          else begin
            Printf.printf "warning : lennum > len %s\n" strg;
            T_number_base(len,'b',(String.sub newnum (lennum-len) len))
          end
        end
      end
      |'D' -> begin
        let newnum = decstring2binstring num
        in
        let lennum = String.length newnum
        in begin
          if lennum = len then T_number_base(len,'b',newnum)
          else if lennum < len then T_number_base(len,'b',(String.concat ""
[(String.make (len - lennum) '0');newnum]))
          else begin
            Printf.printf "warning : lennum > len %s\n" strg;
            T_number_base(len,'b',(String.sub newnum (lennum-len) len))
          end
        end
      end
      |_ -> begin
        Printf.printf "fatal error : invalid number %s\n" strg;
```

```
          exit 1
        end
      end
  with Not_found -> print_endline "not found";print_endline strg; exit 1;;

let parse_error str = begin
  Printf.printf "fatal error : %s at " str;
  Printf.printf "file : %s " ! pos_fn;
  Printf.printf "line : %d " ((! pos_ln) + 1); (* because it start from 0 *)
  Printf.printf "char : %d\n" ! pos_cn;
  exit 1
end;;
let get_pos (pos : Lexing.position ) = begin
  pos_fn := pos.Lexing.pos_fname;
  pos_ln := pos.Lexing.pos_lnum;
  pos_cn := pos.Lexing.pos_cnum - pos.Lexing.pos_bol
end;;
let get_endpos pos2 = begin
  match pos2 with
  (_,pos) -> get_pos pos
end;;%}

%token <Lexing.position * Lexing.position > KEY_MODULE
%token <Lexing.position * Lexing.position > KEY_ENDMODULE
%token <Lexing.position * Lexing.position > KEY_INPUT
%token <Lexing.position * Lexing.position > KEY_INOUT
%token <Lexing.position * Lexing.position > KEY_OUTPUT
%token <Lexing.position * Lexing.position > KEY_SMALL
%token <Lexing.position * Lexing.position > KEY_MEDIUM
```

```
%token <Lexing.position * Lexing.position> KEY_LARGE
%token <Lexing.position * Lexing.position> KEY_SCALARED
%token <Lexing.position * Lexing.position> KEY_VECTORED
%token <Lexing.position * Lexing.position> KEY_ASSIGN
%token <Lexing.position * Lexing.position> KEY_REG
%token <Lexing.position * Lexing.position> KEY_ALWAYS
%token <Lexing.position * Lexing.position> KEY_IF
%token <Lexing.position * Lexing.position> KEY_ELSE
%token <Lexing.position * Lexing.position> KEY_CASE
%token <Lexing.position * Lexing.position> KEY_ENDCASE
%token <Lexing.position * Lexing.position> KEY_DISABLE
%token <Lexing.position * Lexing.position> KEY_FORCE
%token <Lexing.position * Lexing.position> KEY_DEFAULT
%token <Lexing.position * Lexing.position> KEY_CASEZ
%token <Lexing.position * Lexing.position> KEY_CASEX
%token <Lexing.position * Lexing.position> KEY_FOREVER
%token <Lexing.position * Lexing.position> KEY_REPEAT
%token <Lexing.position * Lexing.position> KEY_WHILE
%token <Lexing.position * Lexing.position> KEY_FOR
%token <Lexing.position * Lexing.position> KEY_WAIT
%token <Lexing.position * Lexing.position> KEY_RELEASE
%token <Lexing.position * Lexing.position> KEY_FORK
%token <Lexing.position * Lexing.position> KEY_JOIN
%token <Lexing.position * Lexing.position> KEY_EVENT
%token <Lexing.position * Lexing.position> KEY_TIME
%token <Lexing.position * Lexing.position> KEY_REAL
%token <Lexing.position * Lexing.position> KEY_INTEGER
%token <Lexing.position * Lexing.position> KEY_PARAMETER
%token <Lexing.position * Lexing.position> KEY_BEGIN
```

```
% token  < Lexing. position * Lexing. position >  KEY_END
% token  < Lexing. position * Lexing. position >  KEY_EDGE
% token  < Lexing. position * Lexing. position >  KEY_POSEDGE
% token  < Lexing. position * Lexing. position >  KEY_NEGEDGE
% token  < Lexing. position * Lexing. position >  KEY_OR
% token  < Lexing. position * Lexing. position >  KEY_TIME
% token  < Lexing. position * Lexing. position >  KEY_INTEGER
% token  < Lexing. position * Lexing. position >  KEY_SPECIFY
% token  < Lexing. position * Lexing. position >  KEY_ENDSPECIFY
% token  < Lexing. position * Lexing. position >  KEY_TASK
% token  < Lexing. position * Lexing. position >  KEY_ENDTASK
% token  < Lexing. position * Lexing. position >  KEY_ENDFUNCTION
% token  < Lexing. position * Lexing. position >  KEY_FUNCTION
% token  < Lexing. position * Lexing. position >  KEY_INITIAL
% token  < Lexing. position * Lexing. position >  KEY_SPECPARAM
% token  < Lexing. position * Lexing. position >  KEY_DEFPARAM
% token  < Lexing. position * Lexing. position >  LEADTO
% token  < Lexing. position * Lexing. position >  AT

% token  < string >  IDENTIFIER
/ * % token  < string >  DECIMAL_NUMBER * /
% token  < string >  UNSIGNED_NUMBER
% token  < string >  FLOAT_NUMBER
% token  < string >  BASE_NUMBER
% token  < string >  DOLLOR_SYSTEM_IDENTIFIER
% token  < string >  DOLLOR_SYSTEM_IDENTIFIER

% token DOLLOR_SETUP
% token DOLLOR_HOLD
```

```
% token DOLLOR_PERIOD
% token DOLLOR_WIDTH
% token DOLLOR_SKEW
% token DOLLOR_RECOVERY
% token DOLLOR_SETUPHOLD
% token  < Lexing. position * Lexing. position >  AND3

% token  < Lexing. position * Lexing. position >  EOL
% token  < Lexing. position * Lexing. position >  EOF
% token  < Lexing. position * Lexing. position >  LBRACE
% token  < Lexing. position * Lexing. position >  RBRACE
% token  < Lexing. position * Lexing. position >  LBRACKET
% token  < Lexing. position * Lexing. position >  RBRACKET
% token  < Lexing. position * Lexing. position >  LPAREN
% token  < Lexing. position * Lexing. position >  RPAREN
% token  < Lexing. position * Lexing. position >  COMMA
% token  < Lexing. position * Lexing. position >  SEMICOLON
% token  < Lexing. position * Lexing. position >  COLON
% token  < Lexing. position * Lexing. position >  DOT
% token  < Lexing. position * Lexing. position >  JING
% token  < Lexing. position * Lexing. position >  SINGLEASSIGN
% token  < Lexing. position * Lexing. position >  PATHTO
% token  < Lexing. position * Lexing. position >  PATHTOSTAR
% token  < Lexing. position * Lexing. position >  QUESTION_MARK_COLON
/ *
      |"+"                    { ADD            }
      |"-"                    { SUB            }
      |"*"                    { MUL            }
      |"/"                    { DIV            }
```

```
 |"%"                { MOD            }
 |">"                { GT             }
 |">="               { GE             }
 |"<"                { LT             }
 |"<="               { LE             }
 |"!"                { LOGIC_NEG      }
 |"&&"               { LOGIC_AND      }
 |"||"               { LOGIC_OR       }
 |"=="               { LOGIC_EQU      }
 |"!="               { LOGIC_INE      }
 |"==="              { CASE_EQU       }
 |"!=="              { CASE_INE       }
 |"~"                { BIT_NEG        }
 |"&"                { BIT_AND        }
 |"|"                { BIT_OR         }
 |"^"                { BIT_XOR        }
 |"^~"               { BIT_EQU        }
 |"~^"               { BIT_EQU        }
 |"~&"               { RED_NAND       }
 |"~|"               { RED_NOR        }
 |"<<"               { LEFT_SHIFT     }
 |">>"               { RIGHT_SHIFT    }
 |"?"                { QUESTION_MARK  }
*/

%token <Lexing.position * Lexing.position> LOGIC_OR
%token <Lexing.position * Lexing.position> LOGIC_AND
%token <Lexing.position * Lexing.position> BIT_OR
%token <Lexing.position * Lexing.position> BIT_XOR BIT_EQU
```

```
%token <Lexing.position * Lexing.position> BIT_AND
%token <Lexing.position * Lexing.position> LOGIC_EQU LOGIC_INE CASE_
EQU CASE_INE
%token <Lexing.position * Lexing.position> GT GE LT LE
%token <Lexing.position * Lexing.position> LEFT_SHIFT RIGHT_SHIFT
%token <Lexing.position * Lexing.position> ADD SUB
%token <Lexing.position * Lexing.position> MUL DIV MOD
%token <Lexing.position * Lexing.position> LOGIC_NEG BIT_NEG RED_NAND
RED_NOR
%token <Lexing.position * Lexing.position> QUESTION_MARK

%right QUESTION_MARK
%left LOGIC_OR
%left LOGIC_AND
%left BIT_OR
%left BIT_XOR BIT_EQU
%left BIT_AND
%left LOGIC_EQU LOGIC_INE CASE_EQU CASE_INE
%left GT GE LT LE
%left LEFT_SHIFT RIGHT_SHIFT
%left ADD SUB
%left MUL DIV MOD
/* unary only operator */
%left LOGIC_NEG BIT_NEG RED_NAND RED_NOR
/* unary operator symbol that maybe used as binary operator */
%left UADD USUB UAND UOR UXOR UEQU

%token CAPITAL_E
%token LITTLE_E
```

```
%token  <Lexing.position * Lexing.position >  DOLLOR
%token  <string >  NETTYPE
%token  <string >  GATETYPE
%token  <string >  STRENGTH0
%token  <string >  STRENGTH1
%token  <string >  STRING
/* A.1 */
/* Source Text */
%start source_text
%type  <Typedef.module_def list >  source_text

%%source_text:description_list EOF
            {get_endpos $2; $1};

description_list:description{ $1::[] }
        |description source_text{ $1:: $2 };

description:module_def{ $1}
/*      |primitive {0} */
/*  not supported  */;

module_def:KEY_MODULE IDENTIFIER list_of_ports_opt SEMICOLON module_item_optlist KEY_ENDMODULE
            {( *print_endline $2; * )get_endpos $6;T_module_def( $2, $3, $5)};

list_of_ports_opt:{[]}
        |list_of_ports{ $1};
```

```
list_of_ports:LPAREN port comma_port_optlist RPAREN
        {get_endpos $4; $2:: $3};

comma_port_optlist:{[]}
        |comma_port comma_port_optlist {$1:: $2};

comma_port:COMMA port{ $2};

port:port_expression_opt{ $1}
/*    |DOT IDENTIFIER LPAREN port_expression_opt LPAREN{0} */
/* this seems incorrect */;

port_expression_opt:{[]}
        |port_expression           { $1};

port_expression:port_reference{[ $1]}
        |LBRACE port_referencecomma_port_reference_optlistRBRACE
         {get_endpos $4; $2:: $3};

comma_port_reference_optlist :{[]}
        |comma_port_reference comma_port_reference_optlist { $1:: $2};

comma_port_reference :COMMA port_reference{ $2};

port_reference :IDENTIFIER{ $1};

module_item_optlist:{[]}
        |    module_item module_item_optlist{ $1:: $2};
```

```
module_item:parameter_declaration { $1}
            |input_declaration { $1}
            |output_declaration { $1}
            |inout_declaration { $1}
            |net_declaration { $1}
            |reg_declaration { $1}
            |time_declaration {T_time_declaration( $1)}
            |integer_declaration {T_integer_declaration( $1)}
            |real_declaration { $1}
            |event_declaration { $1}
            |gate_declaration { $1}
/* because UDP and module cannot be distinguished,so we select to make them into
same */
/*          |UDP_instantiation { $1} */
            |module_instantiation { $1}
            |parameter_override { $1}
            |continuous_assign {T_continuous_assign( $1)}
            |specify_block { $1}
            |initial_statement {T_initial_statement( $1)}
            |always_statement {T_always_statement( $1)}
            |task { $1}
            |function_avoid_amb { $1};

function_avoid_amb: KEY_FUNCTION range_or_type_opt IDENTIFIER
SEMICOLON tf_declaration_list statement KEY_ENDFUNCTION
                {get_endpos $7;T_function_avoid_amb( $2, $3, $5, $6)};

tf_declaration_list:tf_declaration {[ $1]}
```

```
  |tf_declaration tf_declaration_list { $1::$2};

range_or_type_opt:{T_range_or_type_NOSPEC}
  |range_or_type{ $1};

range_or_type:range{T_range_or_type_range( $1)}
  |KEY_INTEGER {T_range_or_type_INTEGER}
  |KEY_REAL {T_range_or_type_REAL};

task:KEY_TASK IDENTIFIER SEMICOLON tf_declaration_optlist statement_or_null
KEY_ENDTASK
          {get_endpos $6;T_task( $2, $4, $5)};

tf_declaration_optlist:{[]}
     |tf_declaration tf_declaration_optlist { $1:: $2};
/* it will has model_item type */
tf_declaration:parameter_declaration{ $1}
     |input_declaration{ $1}
     |output_declaration{ $1}
     |inout_declaration{ $1}
     |reg_declaration{ $1}
     |time_declaration{T_time_declaration( $1)}
     |integer_declaration{T_integer_declaration( $1)}
     |real_declaration{ $1}
     |event_declaration{ $1};

initial_statement:KEY_INITIAL statement { $2};

specify_block:KEY_SPECIFY specify_item_optlist KEY_ENDSPECIFY
```

```
        {get_endpos $3;T_specify_block($2)};

specify_item_optlist:{[]}
    |specify_item specify_item_optlist {$1::$2};

specify_item:specparam_declaration{0}
    |path_declaration {0}
    |level_sensitive_path_declaration{0}
    |edge_sensitive_path_declaration{0}
    |system_timing_check{0}
    |sdpd {0};

sdpd:KEY_IF LPAREN expression RPAREN path_description SINGLEASSIGN path
_delay_value SEMICOLON
        {get_endpos $8;0};

system_timing_check:DOLLOR_SETUP LPAREN timing_check_event COMMA
timing_check_event COMMA timing_check_limit comma_notify_register_opt
RPAREN SEMICOLON
    {get_endpos $10;0}
    | DOLLOR_HOLD LPAREN timing_check_event COMMA timing_check_
event COMMA timing_check_limit comma_notify_register_opt
RPAREN SEMICOLON
    {get_endpos $10;0}
    | DOLLOR_PERIOD LPAREN controlled_timing_check_event COMMA
timing_check_limit comma_notify_register_opt RPAREN SEMICOLON
    {get_endpos $8;0}
    | DOLLOR_WIDTH LPAREN controlled_timing_check_event COMMA timing
_check_limit comma_constant_expression comma_notify_register_opt
```

RPAREN SEMICOLON

{get_endpos $8;0}

| DOLLOR_SKEW LPAREN timing_check_event COMMA timing_check_event COMMA timing_check_limit comma_notify_register_opt RPAREN SEMICOLON

{get_endpos $10;0}

| DOLLOR_RECOVERY LPAREN controlled_timing_check_event COMMA timing_check_event COMMA timing_check_limit comma_notify_register_opt RPAREN SEMICOLON

{get_endpos $10;0}

| DOLLOR_SETUPHOLD LPAREN timing_check_event COMMA timing_check_event COMMA timing_check_limit COMMA timing_check_limit comma_notify_register_opt RPAREN SEMICOLON

{get_endpos $12;0} ;

comma_constant_expression_comma_notify_register_opt: {0}

|comma_constant_expression_comma_notify_register {0} ;

comma_constant_expression_comma_notify_register:

COMMA constant_expression COMMA notify_register {0} ;

notify_register: identifier {0} ;

controlled_timing_check_event: timing_check_event_control specify_terminal_descriptor and3_timing_check_condition_opt {0} ;

and3_timing_check_condition_opt: {0}

|and3_timing_check_condition {0} ;

```
and3_timing_check_condition:AND3 timing_check_condition {0} ;

timing_check_condition:expression {0} ;

comma_notify_register_opt:{0}
      |comma_notify_register {0} ;

comma_notify_register:COMMA notify_register {0} ;

timing_check_limit:expression {0} ;

timing_check_event:timing_check_event_control_opt specify_terminal_descriptor
and3_timing_check_condition_opt {0} ;

timing_check_event_control_opt:{0}
      |timing_check_event_control {0} ;

timing_check_event_control:KEY_POSEDGE
      {get_endpos $1;0}
      |KEY_NEGEDGE
      {get_endpos $1;0}
      |edge_control_specifier {0} ;

edge_control_specifier:KEY_EDGE LBRACKET edge_descriptor comma_edge_
descriptor_optlist RBRACKET
      {get_endpos $5;0} ;

edge_descriptor:{print_string "no supported edge_descriptor";0} ;
```

comma_edge_descriptor_optlist: {0}
    | comma_edge_descriptor comma_edge_descriptor_optlist {0} ;

comma_edge_descriptor: COMMA edge_descriptor {0} ;

edge_sensitive_path_declaration: KEY_IF_LPAREN_expression_RPAREN_opt LPAREN edge_identifier_opt specify_terminal_descriptor PATHTO LPAREN specify_terminal_descriptor polarity_operator QUESTION_MARK_COLON data_source_expression RPAREN RPAREN SINGLEASSIGN path_delay_value SEMICOLON
    {get_endpos $15;0}
    | KEY_IF_LPAREN_expression_RPAREN_opt LPAREN edge_identifier_opt specify_terminal_descriptor PATHTOSTAR LPAREN list_of_path_input_outputs polarity_operator QUESTION_MARK_COLON data_source_expression RPAREN RPAREN SINGLEASSIGN path_delay_value SEMICOLON
    {get_endpos $15;0} ;

list_of_path_input_outputs: specify_terminal_descriptor comma_specify_terminal_descriptor_optlist {0} ;

comma_specify_terminal_descriptor_optlist: {0}
    | comma_specify_terminal_descriptor comma_specify_terminal_descriptor_optlist {0} ;

comma_specify_terminal_descriptor: COMMA specify_terminal_descriptor {0} ;

data_source_expression: expression {0} ;

edge_identifier_opt: {0}
    | edge_identifier {0} ;

```
edge_identifier:KEY_POSEDGE
    {get_endpos $1;0}
    |KEY_NEGEDGE
    {get_endpos $1;0};

polarity_operator:ADD
    {get_endpos $1;0}
    |SUB
    {get_endpos $1;0};

KEY_IF_LPAREN_expression_RPAREN_opt:{0}
    |KEY_IF LPAREN expression RPAREN
    {get_endpos $4;0};

level_sensitive_path_declaration:KEY_IF LPAREN conditional_port_expression
RPAREN LPAREN specify_terminal_descriptor polarity_operator_opt PATHTO
specify_terminal_descriptor RPAREN SINGLEASSIGN path_delay_
value SEMICOLON
    {get_endpos $13;0}
    |KEY_IF LPAREN conditional_port_expression RPAREN LPAREN list_of_
path_input_outputs polarity_operator_opt PATHTOSTAR list_of_path_input_outputs
RPAREN SINGLEASSIGN path_delay_value SEMICOLON
    {get_endpos $13;0};

specify_terminal_descriptor:IDENTIFIER{0}
    |IDENTIFIER LBRACKET expression RBRACKET
    {get_endpos $4;0}
    |IDENTIFIER LBRACKET expression COLON expression RBRACKET
```

```
        {get_endpos $6;0};

polarity_operator_opt:{0}
        |polarity_operator {0};

conditional_port_expression:expression {0};

path_declaration:path_description SINGLEASSIGN path_delay_value SEMICOLON
        {get_endpos $4;0};

path_description:LPAREN specify_terminal_descriptor PATHTO specify_terminal_
descriptor RPAREN
        {get_endpos $5;0}
        |LPAREN list_of_path_input_outputs PATHTOSTAR list_of_path_input_
outputs RPAREN
        {get_endpos $5;0};

path_delay_value:path_delay_expression {0}
        |LPAREN path_delay_expression COMMA path_delay_expression RPAREN
        {get_endpos $5;0}
        |LPAREN path_delay_expression COMMA path_delay_expression COMMA
path_delay_expression RPAREN
        {get_endpos $7;0}
        |LPAREN path_delay_expression COMMA path_delay_expression COMMA
path_delay_expression COMMA path_delay_expression COMMA path_delay_
expression COMMA path_delay_expression RPAREN
        {get_endpos $13;0};
```

```
path_delay_expression:mintypmax_expression {0} ;

specparam_declaration:KEY_SPECPARAM list_of_param_assignments SEMICOLON
      {get_endpos $3;0} ;

parameter_override:KEY_DEFPARAM list_of_param_assignments SEMICOLON
      {get_endpos $3;T_parameter_override( $2)} ;

/*
UDP_instantiation:IDENTIFIER drive_strength_opt delay_opt UDP_instance comma
_UDP_instance_optlist SEMICOLON {0} ;

comma_UDP_instance_optlist:{0}
      |comma_UDP_instance comma_UDP_instance_optlist {0} ;

comma_UDP_instance:COMMA UDP_instance {0} ;

UDP_instance: name_of_UDP_instance_opt LPAREN terminal comma_terminal_
optlist RPAREN {0}

name_of_UDP_instance_opt:{0}
      |IDENTIFIER {0} ;
*/

gate_declaration: GATETYPE drive_strength_opt delay_opt gate_instance comma_
gate_instance_optlist SEMICOLON
      {get_endpos $6;T_gate_declaration( $1, $2, $3,( $4:: $5))} ;

comma_gate_instance_optlist:{[]}
```

```
    |comma_gate_instance comma_gate_instance_optlist { $1:: $2} ;

comma_gate_instance:COMMA gate_instance { $2} ;

gate_instance:name_of_gate_instance_opt LPAREN terminal comma_terminal_optlist
RPAREN
    {get_endpos $5;T_gate_instance( $1,( $3:: $4))} ;

name_of_gate_instance_opt:{""}
    |IDENTIFIER { $1} ;

comma_terminal_optlist:{[ ]}
    |comma_terminal comma_terminal_optlist { $1:: $2} ;

comma_terminal:COMMA terminal { $2} ;

terminal:expression { $1}
/*  |IDENTIFIER {0} */;

drive_strength_opt:{T_drive_strength_NOSPEC}
    |drive_strength{ $1} ;

integer_declaration:KEY_INTEGER list_of_register_variables SEMICOLON
        {get_endpos $3; $2} ;

time_declaration:KEY_TIME list_of_register_variables SEMICOLON
        {get_endpos $3; $2} ;
```

```
always_statement:KEY_ALWAYS statement { $2} ;

statement:blocking_assignment SEMICOLON
        {get_endpos $2;T_blocking_assignment( $1)}
    |non_blocking_assignment SEMICOLON
        {get_endpos $2;T_non_blocking_assignment( $1)}
    |KEY_IF LPAREN expression RPAREN statement_or_null
        {get_endpos $4;T_if_statement( $3, $5)}
    |KEY_IF LPAREN expression RPAREN statement_or_null KEY_ELSE
statement_or_null
        {get_endpos $6;T_if_else_statement( $3, $5, $7)}
    |KEY_CASE LPAREN expression RPAREN case_item_list KEY_ENDCASE
        {get_endpos $6;T_case_statement( $3, $5)}
    |KEY_CASEZ LPAREN expression RPAREN case_item_list KEY_ENDCASE
        {get_endpos $6;T_casez_statement( $3, $5)}
    |KEY_CASEX LPAREN expression RPAREN case_item_list KEY_ENDCASE
        {get_endpos $6;T_casex_statement( $3, $5)}
    |KEY_FOREVER statement
        {get_endpos $1;T_forever_statement( $2)}
    |KEY_REPEAT LPAREN expression RPAREN statement
        {get_endpos $4;T_repeat_statement( $3, $5)}
    |KEY_WHILE LPAREN expression RPAREN statement
        {get_endpos $4;T_while_statement( $3, $5)}
    |KEY_FOR LPAREN assignment SEMICOLON expression SEMICOLON
assignment RPAREN statement
        {get_endpos $8;T_for_statement( $3, $5, $7, $9)}
    |delay_control statement_or_null {T_delay_statement( $1, $2)}
    |event_control statement_or_null {T_event_statement( $1, $2)}
    |KEY_WAIT LPAREN expression RPAREN statement_or_null
```

```
        {get_endpos $4;T_wait_statement( $3, $5)}
    |LEADTO name_of_event SEMICOLON
        {get_endpos $3;T_leadto_event( $2)}
    |KEY_BEGIN statement_optlist KEY_END
        {get_endpos $3;T_seq_block("",[ ], $2)} /* seq_block */
        |KEY_BEGIN COLON IDENTIFIER block_declaration_optlist statement_
optlist KEY_END
        {get_endpos $6;T_seq_block( $3, $4, $5)} /* seq_block */
    |KEY_FORK statement_optlist KEY_JOIN
        {get_endpos $3;T_par_block("",[ ], $2)}
    |KEY_FORK COLON IDENTIFIER block_declaration_optlist statement_optlist
KEY_JOIN
        {get_endpos $6;T_par_block( $3, $4, $5)}
    |IDENTIFIER SEMICOLON
        {get_endpos $2;T_task_enable( $1,[ ])}
    |IDENTIFIER LPAREN expression comma _ expression _ optlist
RPAREN SEMICOLON
        {get_endpos $6;T_task_enable( $1,( $3:: $4))}
    |name_of_system_task SEMICOLON
        {get_endpos $2;T_system_task_enable( $1,[ ])}
    |name_ of _ system _ task LPAREN expression comma _ expression _ optlist
RPAREN SEMICOLON
        {get_endpos $6;T_system_task_enable( $1,( $3:: $4))}
    |KEY_DISABLE IDENTIFIER SEMICOLON
        {get_endpos $3;T_disable_statement( $2)} /* this maybe task or
block */
    |KEY_FORCE assignment SEMICOLON
        {get_endpos $3;T_force_statement( $2)}
    |KEY_RELEASE lvalue SEMICOLON
```

```
        {get_endpos $3;T_release_statement($2)};

statement_optlist:{[]}
     |statement statement_optlist {$1::$2};

block_declaration_optlist:{[]}
     |block_declaration block_declaration_optlist {$1::$2};
/* it will has model_item type */
block_declaration:parameter_declaration {$1}
     |reg_declaration {$1}
     |integer_declaration {T_integer_declaration($1)}
     |real_declaration {$1}
     |time_declaration {T_time_declaration($1)}
     |event_declaration {$1};

event_declaration: KEY_EVENT name_of_event comma_name_of_event_
optlist SEMICOLON
        {get_endpos $4;T_event_declaration($2::$3)};

comma_name_of_event_optlist:{[]}
     |comma_name_of_event comma_name_of_event_optlist {$1::$2};

comma_name_of_event:COMMA name_of_event {$2};

name_of_event:IDENTIFIER {$1};

real_declaration:KEY_REAL list_of_variables SEMICOLON
        {get_endpos $3;T_real_declaration($2)};
```

```
parameter_declaration:KEY_PARAMETER list_of_param_assignments SEMICOLON
        {get_endpos $3;T_parameter_declaration($2)};

list_of_param_assignments:param_assignment comma_param_assignment_optlist
{$1::$2};

comma_param_assignment_optlist:{[]}
    |comma_param_assignment comma_param_assignment_optlist {$1::$2};

comma_param_assignment:COMMA param_assignment {$2};

param_assignment:identifier SINGLEASSIGN constant_expression
        {get_endpos $2;T_param_assignment($1,$3)};

name_of_system_task:DOLLOR_SYSTEM_IDENTIFIER {$1};

event_control:AT identifier
        {get_endpos $1;T_event_control_id($2)}
    |AT LPAREN event_expression_list RPAREN
        {get_endpos $4;T_event_control_evexp($3)};

event_expression_list:event_expression or_event_expression_optlist {$1::$2}
    |event_expression comma_event_expression_optlist {$1::$2};

or_event_expression_optlist:{[]}
    |KEY_OR event_expression or_event_expression_optlist {$2::$3};

comma_event_expression_optlist:{[]}
```

```
    |COMMA event_expression comma_event_expression_optlist { $2:: $3};

event_expression:expression {T_event_expression( $1)}
    |KEY_POSEDGE SCALAR_EVENT_EXPRESSION {T_event_expression_
posedge( $2)}
    |KEY_NEGEDGE SCALAR_EVENT_EXPRESSION {T_event_expression_
negedge( $2)};

/* SCALAR_EVENT_EXPRESSION is an expression that resolves to a one bit value
 */
SCALAR_EVENT_EXPRESSION:expression { $1};

delay_control: JING expression {T_delay_control( $2)}
/*              |JING LPAREN mintypmax_expression RPAREN {0}
this has been included in primary */;

case_item_list:case_item {[ $1]}
    |case_item case_item_list { $1:: $2};

case_item:expression comma_expression_optlist COLON statement_or_null {T_case
_item_normal( $1:: $2, $4)}
    |KEY_DEFAULT COLON statement_or_null {T_case_item_default( $3)}
    |KEY_DEFAULT statement_or_null {T_case_item_default( $2)};

blocking_assignment: lvalue SINGLEASSIGN expression {T_blocking_assignment_
direct( $1, $3)}
    |lvalue SINGLEASSIGN delay_control expression {T_blocking_assignment_
delay( $1, $4, $3)}
    |lvalue SINGLEASSIGN event_control expression {T_blocking_assignment_
```

```
event( $1, $4, $3)};

non_blocking_assignment:lvalue LE expression {T_non_blocking_assignment_direct
( $1, $3)}
    |lvalue LE delay_control expression {T_non_blocking_assignment_delay( $1,
$4, $3)}
    |lvalue LE event_control expression {T_non_blocking_assignment_event( $1,
$4, $3)};

statement_or_null:statement{ $1}
    |SEMICOLON
        {get_endpos $1;T_statement_NOSPEC};

reg_declaration:KEY_REG range_opt list_of_register_variables SEMICOLON
        {get_endpos $4;T_reg_declaration( $2, $3)};

list_of_register_variables:register_variable comma_register_variable_optlist { $1::
$2};

comma_register_variable_optlist:{[]}
    |comma_register_variable comma_register_variable_optlist { $1:: $2};

comma_register_variable:COMMA register_variable { $2};

register_variable:IDENTIFIER{T_register_variables_ID( $1)}
    |IDENTIFIER LBRACKET constant_expression COLON constant_
expression RBRACKET
        {get_endpos $6;T_register_variables_IDrange( $1, $3, $5)};
```

```
/ * in UDP inst, # means delay * /
/ * but in module inst, # means parameter * /
module_instantiation:IDENTIFIER drive_strength_opt parameter_value_assignment_opt module_instance comma_module_instance_optlist SEMICOLON
        {get_endpos $6;T_module_instantiation( $1, $2, $3, $4:: $5)};

comma_module_instance_optlist:{[]}
    |comma_module_instance comma_module_instance_optlist { $1:: $2};

comma_module_instance:COMMA module_instance { $2};

module_instance:IDENTIFIER LPAREN list_of_module_connections RPAREN
        {get_endpos $4;T_module_instance( $1, $3)};

list_of_module_connections: module_port_connection comma_module_port_connection_optlist{T_list_of_module_connections_unnamed( $1:: $2)}
    |named_port_connection comma_named_port_connection_optlist {T_list_of_module_connections_named( $1:: $2)};

comma_named_port_connection_optlist:{[]}
    |comma_named_port_connection comma_named_port_connection_optlist { $1:: $2};

comma_named_port_connection:COMMA named_port_connection { $2};

named_port_connection:DOT IDENTIFIER LPAREN RPAREN
        {get_endpos $4;T_named_port_connection( $2,T_expression_NOSPEC(0))}
    |DOT IDENTIFIER LPAREN expression RPAREN
```

```
        {get_endpos $5;T_named_port_connection($2,$4)};

comma_module_port_connection_optlist:{[]}
      |comma_module_port_connection comma_module_port_connection_optlist
{$1::$2};

comma_module_port_connection:COMMA module_port_connection {$2};

module_port_connection:{T_expression_NOSPEC(0)}
      |expression{$1};

parameter_value_assignment_opt:{[]}
      |parameter_value_assignment {$1};

parameter_value_assignment: JING LPAREN expression comma_expression_
optlist RPAREN
        {get_endpos $5;$3::$4};

continuous_assign:KEY_ASSIGN delay_opt list_of_assignments SEMICOLON
          {get_endpos $4;T_continuous_assign_assign(T_drive_strength_
NOSPEC,$2,$3)}
      |KEY_ASSIGN drive_strength delay_opt list_of_assignments SEMICOLON
        {get_endpos $5;T_continuous_assign_assign($2,$3,$4)}
      |NETTYPE expandrange_opt delay_opt list_of_assignments SEMICOLON
          {get_endpos $5;T_continuous_assign_net($1,T_drive_strength_
NOSPEC,$2,$3,$4)}
      |NETTYPE drive_strength expandrange_opt delay_opt list_of_
assignments SEMICOLON
```

```
        {get_endpos $6;T_continuous_assign_net( $1, $2, $3, $4, $5)};

list_of_assignments:assignment comma_assignment_optlist { $1:: $2};

comma_assignment_optlist:{[]}
    |comma_assignment comma_assignment_optlist { $1:: $2};

comma_assignment:COMMA assignment { $2};

assignment:lvalue SINGLEASSIGN expression {T_assignment( $1, $3)};

lvalue :identifier      {T_lvalue_id( $1)}
    |identifier LBRACKET expression RBRACKET
        {get_endpos $4;T_lvalue_arrbit( $1, $3)}
    |identifier   LBRACKET   constant _ expression   COLON   constant _
expression RBRACKET
        {get_endpos $6;T_lvalue_arrrange( $1, $3, $5)}
    |concatenation{T_lvalue_concat( $1)};

expression:primary      {T_primary( $1)}
    |ADD primary %prec UADD {T_add1( $2)}       /*  +a  */
    |SUB primary %prec USUB {T_sub1( $2)}       /*  -a  */
    |LOGIC_NEG primary {T_logicneg( $2)}        /*  ! a  */
    |BIT_NEG primary {T_bitneg( $2)}            /*  ~a  */
    |BIT_AND primary %prec UAND {T_reduce_and( $2)&a reduction  */
    |RED_NAND primary {T_reduce_nand( $2)}      /*  ~&a reducation */
    |BIT_OR primary %prec UOR {T_reduce_or( $2)}      /*  |a  */
    |RED_NOR primary {T_reduce_nor( $2)}        /*  ~|a  */
    |BIT_XOR primary %prec UXOR {T_reduce_xor( $2)}      /* ^a  */
```

```
    |BIT_EQU primary %prec UEQU {T_reduce_xnor($2)}        /* ^~a or ~
^a */
    |expression ADD expression {T_add2($1,$3)}
    |expression SUB expression {T_sub2($1,$3)}
    |expression MUL expression {T_mul2($1,$3)}
    |expression DIV expression {T_div($1,$3)}
    |expression MOD expression {T_mod($1,$3)}
    |expression LOGIC_EQU expression {T_logic_equ($1,$3)}
    |expression LOGIC_INE expression {T_logic_ine($1,$3)}
    |expression CASE_EQU expression {T_case_equ($1,$3)}
    |expression CASE_INE expression {T_case_ine($1,$3)}
    |expression LOGIC_AND expression {T_logic_and2($1,$3)}
    |expression LOGIC_OR expression {T_logic_or2($1,$3)}
    |expression LT expression {T_lt($1,$3)}
    |expression LE expression {T_le($1,$3)}
    |expression GT expression {T_gt($1,$3)}
    |expression GE expression {T_ge($1,$3)}
    |expression BIT_AND expression {T_bit_and2($1,$3)}
    |expression BIT_OR expression {T_bit_or2($1,$3)}
    |expression BIT_XOR expression {T_bit_xor2($1,$3)}
    |expression BIT_EQU expression {T_bit_equ($1,$3)}
    |expression LEFT_SHIFT expression {T_leftshift($1,$3)}
    |expression RIGHT_SHIFT expression {T_rightshift($1,$3)}
    |expression QUESTION_MARK expression COLON expression {T_selection
($1,$3,$5)}
    |STRING {T_string($1)};

primary:number {T_primary_num($1)}
    |identifier{T_primary_id($1)}
```

```
    |identifier LBRACKET expression RBRACKET
        {get_endpos $4;T_primary_arrbit( $1, $3)}
    |identifier LBRACKET constant _ expression COLON constant _
expression RBRACKET
        {get_endpos $6;T_primary_arrrange( $1, $3, $5)}
    |concatenation            {T_primary_concat( $1)}
    |multiple_concatenation { $1}
    |identifier LPAREN expression comma_expression_optlist RPAREN
        {get_endpos $5;T_primary_funcall( $1, $3:: $4)}
    |name_ of _ system _ function LPAREN expression comma _ expression _
optlist RPAREN
        {get_endpos $5;T_primary_sysfuncall( $1, $3:: $4)}
    |name_of_system_function {T_primary_sysfuncall( $1,[])}
    |LPAREN mintypmax_expression RPAREN
        {get_endpos $3;T_primary_minmaxexp( $2)};

multiple_concatenation:LBRACE expression LBRACE expression comma_expression
_optlist RBRACE RBRACE
        {get_endpos $7;T_primary_multiconcat( $2, $4:: $5)};

concatenation:LBRACE expression comma_expression_optlist RBRACE
        {get_endpos $4; $2:: $3};

comma_expression_optlist:{[]}
    |comma_expression comma_expression_optlist { $1:: $2};

mintypmax_expression:expression{T_mintypmax_expression_1( $1)}
    |expression COLON expression COLON expression {T_mintypmax_expression_
3( $1, $3, $5)};
```

```
comma_expression:COMMA expression { $2} ;

number: UNSIGNED _ NUMBER          { T _ number _ unsign ( int _ of _ string
(delunderscore $1))}
      |BASE_NUMBER {string2base_number $1}
      |UNSIGNED_NUMBER DOT UNSIGNED_NUMBER {T_number_float(float_
of_string( String. concat "" [delunderscore $1;"." ;delunderscore $3])))}
      |FLOAT_NUMBER{T_number_float(float_of_string (delunderscore $1))} ;

identifier:IDENTIFIER dot_IDENTIFIER_optlist      { $1:: $2} ;

dot_IDENTIFIER_optlist:{[]}
      |dot_IDENTIFIER dot_IDENTIFIER_optlist { $1:: $2} ;

dot_IDENTIFIER:DOT IDENTIFIER      { $2} ;

drive_strength:LPAREN STRENGTH0 COMMA STRENGTH1 RPAREN
           {get_endpos $5;T_drive_strength( $2, $4)}
      |LPAREN STRENGTH1 COMMA STRENGTH0 RPAREN
           {get_endpos $5;T_drive_strength( $2, $4)} ;

input_declaration:KEY_INPUT range_opt list_of_variables SEMICOLON
           {get_endpos $4;T_input_declaration( $2, $3)} ;

output_declaration:KEY_OUTPUT range_opt list_of_variables SEMICOLON
           {get_endpos $4;T_output_declaration( $2, $3)} ;

inout_declaration:KEY_INOUT range_opt list_of_variables SEMICOLON
```

```
        {get_endpos $4;T_inout_declaration( $2, $3)};

net_declaration: NETTYPE expandrange_opt delay_opt list_of_variables SEMICOLON
        {get_endpos $5;T_net_declaration( $1,T_charge_strength_NOSPEC, $2, $3, $4)}
    |NETTYPE charge_strength expandrange_opt delay_opt list_of_variables SEMICOLON
        {get_endpos $6;T_net_declaration( $1, $2, $3, $4, $5)};

delay_opt:{T_delay_NOSPEC}
    |delay      { $1};

delay:JING number{T_delay_number( $2)}
    |JING identifier {T_delay_id( $2)}
    |JING LPAREN mintypmax_expression RPAREN
        {get_endpos $4;T_delay_minmax1( $3)}
    |JING LPAREN mintypmax_expression COMMA mintypmax_expression COMMA mintypmax_expression RPAREN
        {get_endpos $8;T_delay_minmax3( $3, $5, $7)};

expandrange_opt:{T_expandrange_NOSPEC}
    |expandrange { $1};

expandrange:range      {T_expandrange_range( $1)}
    |KEY_SCALARED range {T_expandrange_scalared( $2)}
    |KEY_VECTORED range {T_expandrange_vectored( $2)};

charge_strength:LPAREN KEY_SMALL RPAREN
```

```
        {get_endpos $3;T_charge_strength_SMALL}
    |LPAREN KEY_MEDIUM RPAREN
        {get_endpos $3;T_charge_strength_MEDIUM}
    |LPAREN KEY_LARGE RPAREN
        {get_endpos $3;T_charge_strength_LARGE};

range_opt :{T_range_NOSPEC}
    |range { $1};

range:LBRACKET constant_expression COLON constant_expression RBRACKET
        {get_endpos $5;T_range( $2, $4)};

constant_expression:expression      { $1};

list_of_variables: IDENTIFIER comma_IDENTIFIER_optlist{ $1:: $2};

comma_IDENTIFIER_optlist:{[]}
    |comma_IDENTIFIER comma_IDENTIFIER_optlist { $1:: $2};

comma_IDENTIFIER:COMMA IDENTIFIER { $2};

name_of_system_function: DOLLOR IDENTIFIER {(String. concat "" (" $":: 
[ $2])):: []};
/*
dot_UNSIGNED_NUMBER_opt:{0}
    |dot_UNSIGNED_NUMBER{0};

dot_UNSIGNED_NUMBER:DOT UNSIGNED_NUMBER{0};
*/
```

参考文献

[1] SHEN S Y, ZHANG J M, QIN Y, et al. Synthesizing complementary circuits automatically [C]//Proceedings of the 2009 International Conference on Computer-Aided Design, 2009: 381 - 388.

[2] SHEN S Y, QIN Y, WANG K F, et al. Synthesizing complementary circuits automatically [J]. IEEE Transactions on Computer-Aided Design of Integrated Circuits and Systems, 2010, 29 (8):1191 -29:1202.

[3] SHEN S Y, QIN Y, ZHANG J M, et al. A halting algorithm to determine the existence of decoder [C]// Proceedings of the 10th International Conference on Formal Methods in Computer-Aided Design, 2010: 91 -99.

[4] SHEN S Y, QIN Y, XIAO L Q, et al. A halting algorithm to determine the existence of the decoder [J]. IEEE Transactions on Computer-Aided Design of Integrated Circuits and Systems, 2011, 30 (10):1556 -1563.

[5] SHEN S Y, QIN Y, ZHANG J M. Inferring assertion for complementary synthesis [C]//Proceedings of the 2011 International Conference on Computer-Aided Design, 2011: 404 -411.

[6] SHEN S Y, QIN Y, WANG K F, et al. Inferring assertion for

complementary synthesis [J]. IEEE Transactions on Computer-Aided Design of Integrated Circuits and Systems, 2012, 31 (8): 1288 -1292.

[7] LIU H Y, CHOU Y C, LIN C H, et al. Towards completely automatic decoder synthesis [C]//Proceedings of the 2011 International Conference on Computer-Aided Design, 2011: 389 -395.

[8] LIU H Y, CHOU Y C, LIN CH, et al. Automatic decoder synthesis: methods andcase studies [J]. IEEE Transactions on Computer-Aided Design of Integrated Circuits and Systems, 2012, 31 (9): 1319 -1331.

[9] TUK H, JIANG J H R. Synthesis of feedback decoders for initialized encoders [C]//Proceedings of the 50th Annual Design Automation Conference, 2013: 1 -6.

[10] ABTS D, KIM J. High performance datacenter networks: architectures, algorithms, and opportunities [M]. USA: Morgan and Claypool, 2011: 7 -9.

[11] CRAIG W. Linear reasoning: a new form of the herbrand-gentzen theorem [J]. The Journal of Symbolic Logic, 1957, 22 (3): 250 -268.

[12] MOSKEWICZ M W, MADIGAN C F, ZHAO Y, et al. Chaff: engineering an efficient SAT Solver [C]//Proceedings of the 38th Design Automation Conference, 2001: 530 -535.

[13] BRYANTRE. Graph-basedalgorithmsforBooleanfunctionmanipulation [J]. IEEE Transactions on Computers, 1986, 35 (8): 677 -691.

[14] MCMILLAN K L. Applying SAT methods in unbounded symbolic model checking [C]// Proceedings of the 14th International

Conference of ComputerAidedVerification, 2002: 250 -264.

[15] RAVIK, SOMENZIF. Minimalassignmentsforboundedmodelchecking [C]// Proceedings of the 10th International Conferenceof Tools and Algorithms for the Construction and Analysis of Systems, 2004: 31 - 45.

[16] CHAUHAN P, CLARKE E M, KROENING D. A SAT-based algorithm for reparameterization in symbolic simulation [C]// Proceedings of the 41th Design Automation Conference, 2004: 524 - 529.

[17] SHEN S Y, QIN Y, LI S K. Minimizing counterexample with unit core extraction and incremental SAT [C]// Proceedings of the 6th International Conferenceof Verification, Model Checking, and Abstract Interpretation,2005: 298 -312.

[18] JIN H S, SOMENZI F. Prime clauses for fast enumeration of satisfying assignments to Boolean circuits [C]// Proceedings of the 42nd Design Automation Conference, 2005: 750 -753.

[19] JIN H S, HAN H J, SOMENZI F. Efficient conflict analysis for finding all satisfying assignments of a Boolean circuit [C]// Proceedings of the 11th International Conference of Tools and Algorithms for the Construction and Analysis of Systems, 2005: 287 -300.

[20] GRUMBERG O, SCHUSTER A, YADGAR A. Memory efficient all-solutions SAT solver and its application for reachability analysis [C]// Proceedings of the 5th International Conference of Formal Methods in Computer-Aided Design, 2004: 275 -289.

[21] NOPPERT,SCHOLLC. Counterexamplegenerationforincompletedesigns

[C]// Proceedings of Methoden und Beschreibungssprachen zur Modellierung und Verifikation von Schaltungen und Systemen, 2007: 193 – 202.

[22] GANAI M K, GUPTA A, ASHAR P. Efficient SAT-based unbounded symbolic model checking using circuit cofactoring [C]// Proceedings of the 2004 International Conference on Computer-Aided Design, 2004: 510 – 517.

[23] JIANG J H R, LIN H P, HUNG W L. Interpolating functions from large Boolean relations [C]// Proceedings of the 2009 International Conference on Computer-Aided Design, 2009: 779 – 784.

[24] CHOCKLER H, IVRII A, MATSLIAH A. Computinginterpolantswithoutproofs [C]// Proceedings of the 8th InternationalHardware and Software: Verification and Testing, 2012: 72 – 85.

[25] MCMILLAN K L. Interpolation and SAT-based model checking [C]// Proceedings of the 15th International Conference Computer Aided Verification, 2003: 1 – 13.

[26] QIN Y, SHEN S Y, WU Q B, et al. Complementary synthesis for encoder with flow control mechanism [J]. ACM Transactions on Design Automation of Electronic Systems, 2015, 21(1): 1 – 26.

[27] IEEE Computer Society. IEEE Standard for EthernetIEEE: 802.3 – 2012[S/OL]. [2012 – 08 – 30]. https://standards.ieee.org/standard/802_3 – 2012.html.

[28] PENTAKALOS O I. An introduction to the InfiniBand architecture [C]// Proceedings of the 28th International Computer Measurement Group Conference, 2002: 425 – 432.

[29] JACKSON M, BUDRUK R, WINKLES J, et al. PCI Express technology 3.0 [M]. USA: MindShare Press, 2012.

[30] WALKER R C, DUGAN R. 64b/66b low-overhead coding proposal for serial links [R]. USA: IEEE 802.3 Higher Speed Study Group, 2000.

[31] MOSKEWICZ M W, MADIGAN C F, ZHAO Y, et al. Chaff: engineering an efficient SAT solver [C]//Proceedings of the 38th Design Automation Conference, 2001: 530 - 535.

[32] MARQUES-SILVA J P, SAKALLAH K A. GRASP: a new search algorithm for satisfiability [C]// Proceedings of International Conference on Computer Aided Design, 1996: 220 - 227.

[33] GOLDBERG E, NOVIKOV Y. BerkMin: a fast and robust SAT-solver [C]//Proceedings of Design, Automation and Test in Europe Conference and Exposition, 2002: 142 - 149.

[34] EÉN N, SÖRENSSON N. An extensible SAT-solver [C]// Proceedings of the 6th International ConferenceIn of Theory and Applications of Satisfiability Testing, 2003: 502 - 518.

[35] TSEITIN G S. On the complexity of derivations in propositional calculus [M]// SIEKMANNJH, WRIGHTSONG. Automation of Reasoning. Heidelberg: Springer-Verlag: 1983: 466 - 483.

[36] ZHANG L T, MADIGAN C F, MOSKEWICZ M W, et al. Efficient conflict driven learning in Boolean satisfiability solver [C]// Proceedings of the 2001 International Conference on Computer-Aided Design, 2001: 279 - 285.

[37] BIERE A, CIMATTI A, CLARKE E, et al. Symbolic model checking without BDDs [C]// Proceedings of the 5th International

Conference of Tools and Algorithms for Construction and Analysis of Systems, 1999: 193 -207.

[38] KROENING D, OUAKNINE J, STRICHMAN O, et al. Linear completeness thresholds for bounded model checking [C]// Proceedings of the 23rd International Conference of Computer Aided Verification, 2011: 557 -572.

[39] JIANG J H R, LEE C C, MISHCHENKO A, et al. To SAT or not to SAT: scalable exploration of functional dependency [J]. IEEE Transactions on Computers, 2010, 59(4): 457 -467.

[40] BRADLEY A R. SAT-basedmodel checking without unrolling [C]// Proceedings of the 12th International Conference of Verification, Model Checking, and Abstract Interpretation, 2011: 70 -87.

[41] EÉN N, MISHCHENKO A, BRAYTON R. Efficient implementation of propertydirected reachability [C]// Proceedings of the International Conference on Formal Methods in Computer-Aided Design, 2011: 125 -134.

[42] GULWANI S. Dimensions in program synthesis [C]//Proceedings of the 12th International ACM SIGPLAN Symposium on Principles and Practice of Declarative Programming,2010: 13 -24.

[43] DIJKSTRA E W. Program inversion [C]// Proceeding of Program Construction, 1979: 54 -57.

[44] GLÜCK R, KAWABE M. A method for automatic program inversion based on LR(0) parsing [J]. Fundamenta Informaticae, 2005, 66 (4): 367 -395.

[45] SRIVASTAVA S, GULWANI S, CHAUDHURI S, et al. Path-based inductive synthesis for program inversion [C]//Proceedings of the

32nd ACM SIGPLAN Conference on Programming Language Design and Implementation, 2011: 492 - 503.

[46] CLARKSON M R, SCHNEIDER F B. Hyperproperties [J]. Journal of Computer Security, 2010, 18 (6): 1157 - 1210.

[47] CLARKSON M R, FINKBEINER B, KOLEINI M, et al. Temporal logics for hyperproperties [C]// Proceedings of the 3rd International Conference of Principles of Security and Trust, 2014: 265 - 284.

[48] FINKBEINER B, RABE M N, S? NCHEZ C. Algorithms for model checking HyperLTL and HyperCTL * [C]// Proceedings of the 27th International Conference of Computer Aided Verification, 2015: 30 - 48.

[49] AVNIT K, D'SILVA V, SOWMYA A, et al. A formal approach to the protocol converter problem [C]//Proceedings of the Conference on Design, Automation and Test in Europe,2008: 294 - 299.

[50] AVNIT K, D'SILVA V, SOWMYA A, et al. Provably correct on-chip communication: a formal approach to automatic protocol converter synthesis [J]. ACM Transactions on Design Automation of Electronic Systems, 2009, 14 (2): 1 - 41.

[51] AVNIT K, SOWMYA A. A formal approach to design space exploration of protocol converters [C]//Proceedings of the Conference on Design, Automation and Test in Europe, 2009: 129 - 134.

[52] LEE C C, JIANG J H R, HUANG C Y, et al. Scalable exploration of functional dependency by interpolation and incremental SAT solving [C]// Proceedings of the 2007 International Conference on Computer-Aided Design,2007: 227 - 233.

[53] LEE R R, JIANG J H R, HUNG W L. Bi-decomposing large Boolean functions via interpolation and satisfiability solving [C]// Proceedings of the 45th Design Automation Conference, 2008: 636 - 641.

[54] WU B H, YANG C J, HUANG C Y, et al. A robust functional ECO engine by SAT proof minimization and interpolation techniques [C]// Proceedings of the 2010 International Conference on Computer-Aided Design, 2010: 729 - 734.

[55] HOPCROFT J E, MOTWANI R, ULLMAN J D. Introduction to automata theory, languages, and computation[M]. 2nd ed. USA: Addison-Wesley, 2001.

[56] CLARKE E, GRUMBERG O, JHA S, et al. Counterexample-guided abstraction refinement [C]// Proceedings of the 12th International Conference of Computer Aided Verification, 2000: 154 - 169.

[57] YUANJ, ALBIN K, AZIZ A, et al. Constraint synthesis for environment modelingin functional verification [C]//Proceedings of the 40th Design Automation Conference,2003: 296 - 299.

[58] AMLA N, MCMILLAN K L. A hybrid of counterexample-based and proof-based abstraction [C]// Proceedings of the 5th International Conference of Formal Methods in Computer-Aided Design,2004: 260 - 274.

[59] MCMILLAN K L. An interpolating theorem prover [J]. Theoretical Computer Science, 2005, 345 (1): 101 - 121.

[60] Synopsys. Designcompiler [EB/OL]. (n. d.) [2021 - 10 - 22]. http://www. synopsys. com/Tools/Implementation/RTLSynthesis/DesignCompiler/Pages/default. aspx.

[61] CUDD[EB/OL]. (n. d.) [2021 - 10 - 22]. http://vlsi. colorado. edu/ ~ fabio/CUDD/cuddIntro. html.

[62] MINSKY Y, MADHAVAPEDDY A, HICKEY J. Real world OCaml: functional programming for the masses [M]. USA: O ' Reilly Media, 2013.

[63] ABC:a system for sequential synthesis and verification [EB/OL]. (n. d.) [2021 - 10 - 22]. http://www. eecs. berkeley. edu/ alanmi/abc/.

[64] WIDMER A X, FRANASZEK P A. A DC-balanced, partitioned-block, 8b/10b transmission code [J]. IBM Journal of Research and Development, 1983, 27 (5): 440 -451.

[65] THOMAS D E, MOORBY P R. The Verilog? hardware description language [M]. 5th ed. USA:Springer-Verlag, 2002.

[66] IEEE P802. 3bj 100 GB/s backplane and copper cable task force. [EB/OL]. (n. d.) [2021 -10 -22]. www. ieee802. org/3/bj.

[67] PRESTON W C. Using SANs and NAS [M]. USA: O ' Reilly Media, 2002.

[68] Should the FEC be optional for the NRZ PHY. [EB/OL]. (n. d.) [2021 - 10 - 22]. http://www. ieee802. org/ 3/bj/public/mar12/ meghelli_01a_0312. pdf.

[69] 56GNRZ Measured Test Results. [EB/OL]. (n. d.) [2021 - 10 - 22]. http://media. wix. com/ugd/720847_ e2386823f3ab4d09aba4 a4c2d144a6e7. pdf.

[70] MULLEN G L. Handbook of finite fields [M]. New York: CRC Press, 2013.

[71] CLARK G C, CAIN J B. Error-correction coding for digital

communications [M]. New York:Springer-Verlag, 1981.

[72] LOSSEN C. Singular: a computer algebra system [J]. Computing in Science and Engineering, 2003, 5 (4): 45 -55.

[73] LVOV A, LASTRAS-MONTAÑO L A, PARUTHI V, et al. Formal verification of error correcting circuits using computational algebraic geometry [C]// Proceedings of the Formal Methods in Computer-Aided Design,2012: 141 -148.

[74] LVOV A, LASTRAS-MONTAÑO L A, TRAGER B M, et al. Verification of Galois field based circuits by formal reasoning based on computational algebraic geometry [J]. Formal Methods in System Design, 2014, 45 (2): 189 -212.

[75] HU A J, MARTIN A K. Formal methods in computer-aided design: 5th International Conference[C]. Heidelberg: Springer-Verlag, 2004.

后　记

国防科技大学的代码自动生成研究小组于2009年首次提出了对偶综合的概念和基本的算法实现,以从一个通信协议的编码器源代码中,自动产生其对应的解码器代码。以此为起点,研究者们在该领域取得了大量的研究成果。本书梳理了对偶综合算法的研究成果,从初成稿到此次付梓出版,凝聚了很多参与者的辛勤劳动。首先要感谢对偶综合算法最初提出者沈胜宇,在本书写作期间给与了技术上的指导,使得本书的阐述更加可靠;其次要感谢国防科技大学出版社编辑,他们细致和用心地完善了本书的措辞和绘图,使其更加易于理解;再次感谢为此书提出各种意见反馈的老师和同学们,提出的建设性意见丰富了此书的内容;最后感谢所有为本书出版提供帮助的同事们。希望本书能为从事编解码器设计和研究、对代码自动生成有兴趣的工程技术人员和同学们提供启发和帮助。